Hans-Bernhard Woyand
Herbert Heiderich

I-DEAS Praktikum CAE/FEM

Hans-Bernhard Woyand
Herbert Heiderich

I-DEAS Praktikum CAE/FEM

Berechnen und Simulieren mit I-DEAS Master Series

Mit 68 Abbildungen

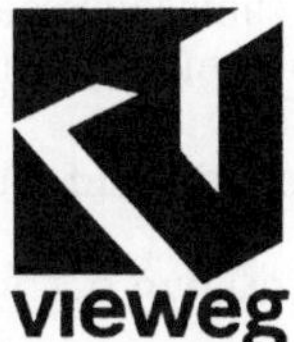

Technische Redaktion: Hartmut Kühn von Burgsdorff
Umschlaggestaltung: Ulrike Weigel, Niedernhausen

Gedruckt auf säurefreiem Papier

ISBN 978-3-528-03899-1   ISBN 978-3-322-92877-1 (eBook)
DOI 10.1007/978-3-322-92877-1

Vorwort

Das vorliegende Buch bildet eine Einführung in die Anwendung der Finite-Elemente-Methode (FEM) und des Computer-Aided-Engineering (CAE) am Beispiel des Programmes IDEAS Master Series. Es wurde für Lehrveranstaltungen entwickelt, die wir an der Bergischen Universität – Gesamthochschule Wuppertal sowie an der Fachhochschule Dortmund in den Fachbereichen Maschinen- und Elektrotechnik halten.

Zur sinnvollen Nutzung muß dem Leser dieses Buches die Software zur Verfügung stehen. Dieser Kurs wendet sich sowohl an den FEM-Anfänger als auch an Personen, die schon Kenntnisse der FE-Methode vorweisen können, die sich aber in das Programm IDEAS einarbeiten wollen. Der Leser benötigt lediglich Vorkenntnisse im Bereich der Technischen Mechanik, wie sie beispielsweise an technischen Hochschulen und Fachhochschulen in der Grundausbildung vermittelt werden. Grundkenntnisse des Programmes IDEAS werden *nicht* vorausgesetzt!

Das Buch bildet eine praxisorientierte Einführung in FEM und CAE. Die Beispiele sind so gewählt, daß sie Schritt für Schritt in die Handhabung der Software einführen. Weiterhin wird mit jeder Aufgabe eine besondere Thematik der FEM berührt (z.B. bestimmte Elementtypen, Konvergenzproblem), so daß praxisorientiert auch Basiswissen vermittelt wird. Jedoch kann dieses Buch keinesfalls ein theoretisches Lehrbuch zu diesem Thema ersetzen. Falls der Leser ergänzend ein solches Lehrbuch sucht, so findet er im Literaturverzeichnis einige geeignete Werke /1-5/.

Der Inhalt des Kurses gliedert sich in drei Abschnitte. Der erste Abschnitt mit dem Titel „FEM-Einführung" hat folgende Schwerpunkte:

- Anwendung der wichtigsten Elementtypen wie Stab-, Balken-, Schalen- und Volumenelemente sowie axisymmetrische Elemente.

- Einführung in die Festigkeitsberechnung (Statik) und die Modalanalyse.

- Einführung in das Preprocessing (sowohl knoten-, element- und geometrieorientiert).

- Einführung in das Postprocessing (Verformungsdarstellungen, Falschfarbenbilder, bewegte Darstellungen, XY-Diagramme).

Der zweite Abschnitt mit dem Titel „Geometrieorientierte FEM / Computer Aided Engineering" vertieft das Wissen über die Geometrieerstellung im Volumenmodellierer und die darauf aufbauende halbautomatische und automatische FE-Netzerstellung.

Der letzte Abschnitt mit dem Titel „Vertiefung der FEM-Methode" führt in weiterführende Anwendungen ein.

Die vorliegende Schulungsunterlage wurde im Hinblick auf die aktuelle Version 6 des Programmes IDEAS überarbeitet und ausgetestet. Da der Umfang der Änderungen in dieser Software im Bereich der FEM in der Vergangenheit relativ gering war, ist zu erwarten, daß das vorliegende Buch auch für die folgenden Versionen hilfreich sein wird.

Da die Seitenzahl dieses Buches - gemessen an dem zu vermittelnden Lehrstoff - sehr knapp bemessen ist, bieten wir für interessierte Leser, die über einen Internet-Anschluß verfügen, ergänzende Aufgaben, exemplarische Lösungen und (später) Hinweise zur Nutzung bei neueren Programmversionen an. Die entsprechenden Adressen befinden sich im Anhang.

Wir bedanken uns bei dem Mibeg-Institut und der Firma AICAT (beide in Köln) für die freundliche Förderung dieses Buches. Weiterhin gilt unser Dank den Kollegen aus der „IDEAS-Hochschulgruppe", die uns viele Anregungen und Hinweise gaben. Schließlich danken wir auch allen Studenten und Mitarbeitern, die an der Entwicklung dieses Praktikums engagiert mitgearbeitet haben. Wir wünschen viel Spaß und Erfolg bei der Durcharbeitung der Unterlagen.

Wuppertal, im Dezember 98   Hans-Bernhard Woyand
Herbert Heiderich

Inhaltsverzeichnis

1 Einführung in I-DEAS Master Series

1.1 Das Softwareprodukt I-DEAS Master Series

Das Programm I-DEAS ist ein integriertes CAD-CAM-CAE-Softwaresystem für den Maschinen-, Anlagen- und Fahrzeugbau. Es unterstützt die simultane Produktentwicklung (concurrent engineering) durch ein integriertes Team-Daten-Management. Die Produktgeometrie wird als Volumenmodell für alle Anwendungen bereitgestellt.

Hersteller des Programms ist die Firma SDRC (Structural Dynamics Research Corporation). Die Software I-DEAS wird von dieser Firma seit 1985 angeboten.

Die Software existiert für viele Hardware-Plattformen. Sie läuft auf den Betriebssystemen
- HP-UX von Hewlett-Packard
- IRIX von SGI
- SOLARIS von SUN
- Digital-UNIX von DEC
- AIX von IBM
- Windows NT von Microsoft (Intel-Prozessoren).

I-DEAS verlangt mindestens 128 MB Hauptspeicher (RAM) und einen Swap-Bereich von mindestens 200 MB auf der lokalen Festplatte. Genaue Angaben finden Sie in den aktuellen Installations-Handbüchern der Software.

Innerhalb von I-DEAS stehen Programme für Konstruktion, Zeichnungserstellung, Simulation (FEM), Fertigung (NC), Versuch und Projektdatenverwaltung zur Verfügung. In diesem Buch wird in den Bereich der Simulation (FEM) eingeführt. Es soll erwähnt werden, daß zur Einführung in den Bereich der Konstruktion (insbesondere 3D-Volumenmodellierung) ebenfalls ein Buch erschienen ist /6/. Jedoch wird in dem vorliegenden Band kein Vorwissen verlangt und somit auch kein Bezug auf dieses Buch genommen. Wer I-DEAS aber intensiv nutzen will, muß sich zwangsläufig in die Technik der Volumenmodellierung einarbeiten. Hierzu ist das oben genannte Werk bestens geeignet.

Innerhalb der Anwendung (Application) „Simulation" existieren verschiedene wichtige Unterprogramme (Tasks, Bereiche):
- der Task **Master Modeler** zur Erzeugung und Änderung des Volumenmodells
- der Task **Boundary Conditions** zur Erstellung von Randbedingungen und Lasten
- der Task **Meshing** zur Generierung eines Finite-Elemente-Netzes
- der Task **Model Solution** zur Durchführung der Berechnung
- der Task **Post Processing** zur Darstellung und Visualisierung der Ergebnisse
- der Task **Beam Sections** zur Definition und Auswertung von Balkenquerschnitten.

Jeder dieser Tasks hat seinen eigenen spezifischen Befehlsumfang. Im Allgemeinen ist es notwendig zwischen diesen Bereichen mehrfach hin und her zu wechseln, um eine Aufgabenstellung erfolgreich zu lösen.

Abschließend noch ein Hinweis zur Benutzerführung. Für mehrere der I-DEAS-Hauptprogramme existiert eine Benutzerführung in deutscher Sprache. Für die Anwendung „Simulation" gibt es bislang nur die englische Programmversion. Es ist wohl auch kaum zu erwarten, daß eine deutsche Benutzerführung entwickelt werden wird, da sich die FEM-Anwender seit Jahren an die Verwendung englischer Worte gewöhnt haben.

1.2 Hinweise zur Handhabung der Software und der Schulungsunterlagen

Die Bedienung der Software erfolgt über Menüs, Icons, Popup-Menüs, Formblätter sowie Tastatureingaben. Im **Grafikfenster** (IDEAS-Graphics) wird die Geometrie dargestellt und kann dort auch interaktiv angewählt werden. Das **Eingabe-Fenster** (IDEAS-Prompt) dient beispielsweise zur Eingabe von Zahlenwerten, jedoch können dort auch Befehle eingegeben werden. Das **Ausgabe-Fenster** (IDEAS-List) stellt die Ergebnisse und Meldungen des Programms dar.

Die Steuerung des Programms durch Befehle kann durch drei prinzipiell gleichwertige Vorgehensweisen erfolgen. Sehr beliebt ist die Eingabe von Befehlen über sogenannte „Icons", die mit einem Mausklick (linke Maustaste) aktiviert werden können. Hier ist ein Beispiel:

 **10b**

Die **Icons** befinden sich in der sogenannten **Icon-Leiste** (IDEAS-Icons). Bedenken Sie, daß der obere Teil dieser Icon-Leiste sich verändert, wenn Sie aus einem Task (Bereich) in einen anderen wechseln. Weiterhin soll darauf hingewiesen werden, daß diese Icons „gestackt", also gestapelt sind. Das heißt, daß auf der gleichen Bildschirmposition mehrere Icons übereinander liegen. Wenn Sie beim Anklicken mit der Maus die linke Maustaste etwas länger gedrückt halten, so rollt eine Liste der Icons auf und Sie können einen Befehl auswählen. Dieser zuletzt angewählte Befehlt bleibt dann „oben" - also sichtbar – auf dem Stapel liegen. Die in dieser Schulungsunterlage abgebildeten Icons werden teilweise durch eine Zahlen-Buchstaben-Kombination ergänzt. Diese Ergänzung soll Ihnen dabei helfen das Icon in der Icon-Leiste aufzufinden. Dabei bedeutet die Zahl die Reihe in der das Icon in der Icon-Leiste (von oben gerechnet) aufgefunden werden kann. Der Buchstabe a, b oder c der auf diese Zahl folgt, gibt eine der drei möglichen Spalten (von links gerechnet) an. Bei dem obigen Beispiel bedeutet die Zahlen-Buchstaben-Kombination 10b, daß das Icon in der zehnten Icon-Reihe von oben und in der zweiten Spalte aufzufinden ist.

Falls Sie einmal ein Icon nicht auffinden können, so überprüfen Sie bitte, ob Sie sich in dem richtigen Task (Bereich) befinden, oder ob das gesuchte Icon an der angegebenen Position verdeckt im Stapel liegt und damit nicht sichtbar ist.

Neben der Steuerung der Software mit Hilfe von Icons, gibt es eine vollig gleichwertige Steuerung durch **Menüs**, deren Einträge ebenfalls mit der Maus (linke Maustaste) angewählt werden. In dieser Schulungsunterlage werden beide Möglichkeiten der Steuerung dargestellt. Im Allgemeinen wird zuerst das Icon gezeigt, anschließend wird die Folge der Menüeinträge genannt, die alternativ zu der Aktivierung des Icons angewählt werden können. Diese Menüeinträge sind grau hinterlegt. Für das oben gezeigte Icon können alternativ folgende Befehle ausgeführt werden:

Manage
        Create FE Model...

Aus dem Hauptmenü muß zunächst der Eintrag „Manage" ausgewählt werden. Anschließend muß aus dem sich öffnenden Untermenü der Eintrag „Create FE Model..." angeklickt werden. Wenn wie in diesem Beispiel drei Punkte an einem Befehlsnamen angefügt werden, so bedeutet dies, daß sich nach Aktivierung dieses Befehls ein Formblatt (Eingabeform) am Bildschirm sichtbar wird. Dieses Formblatt trägt eine **Überschrift**, die im Allgemeinen mit dem Befehlsnamen übereinstimmt, mit dem diese Form geöffnet wurde.

In einigen Fällen können Befehle nur über Menüs eingegeben werden. Es existiert dann kein Icon zur Auslösung des Befehls. Neben den genannten Eingabemöglichkeiten für Befehle gibt es noch die Möglichkeit, Befehle über die Tastatureingabe (IDEAS-Prompt) einzugeben. Hierzu müssen **Befehls-Kurzzeichen** verwendet werden (z.B. /MA CR). Diese Möglichkeit der Eingabe wird nur von erfahrenen Anwendern des Programms IDEAS verwendet und wird damit in dieser Schulungsunterlage nicht berücksichtigt. Der Benutzer muß für diese Steuerungsmöglichkeit diese Befehls-Kurzzeichen auswendig kennen. Man lernt sie am besten, in dem man die Menüsteuerung verwendet und sich zu jedem Menüeintrag das entsprechende Kurzzeichen anzeigen läßt. Wie die Anzeige sowohl der Menüs, als auch der Befehlskurzzeichen („mnemonic display") eingeschaltet werden kann, wird in Aufgabe 1 gezeigt.

Die **Aufforderungstexte** des Programms IDEAS werden in dieser Schulungsunterlage *kursiv* gesetzt. Diese Texte erscheinen im Eingabe-Fenster (IDEAS-Prompt) oder auch im Ausgabe-Fenster (IDEAS-List). Hier ein Beispiel:

Select element family for properties (thin shell)   **<Return>**

Die **Aktionen des Benutzers**, die z.B. darin bestehen können, daß Geometrie angewählt wird oder Zahlen eingegeben werden, werden in spitze Klammern eingerahmt. Soll zum Beispiel ein Menüeintrag angeklickt werden, so wird der Benutzer mit **<anklicken>** dazu aufgefordert. Im oben gezeigten Beispiel fordert das Programm den Benutzer dazu auf, den Element-Haupttyp auszuwählen. Eine häufig auftretende Auswahl wird dabei dem Anwender als „default"-Wert angeboten. Diese Auswahl wird dann in runde Klammern geschrieben und an den Aufforderungstext angefügt. Falls diese Auswahl verwendet bzw. übernommen werden soll, so genügt es die Return-Taste auf der Tastatur oder die mittlere Maustaste zu drücken. In der vorliegenden Schulungsunterlage wird dem Anwender durch das in spitze Klammern gesetzte Wort Return signalisiert, daß diese Taste zu drücken ist.

Abschließend noch einige Worte zur Belegung der Maustasten. Wie oben schon dargestellt, erfolgt die Anwahl graphischer Objekte und die Auswahl von Befehlen mit der linken Maustaste durch Anklicken. Die mittlere Maustaste entspricht der Return-Taste der Tastatur. Die rechte Maustaste – sie wird in dieser Schulungsunterlage durch die Abkürzungen RMT oder MB3 bezeichnet – ermöglicht es ein sogenanntes **Popup-Menü** aufzuschlagen. Für viele Befehle werden über dieses Zusatzmenü weitere Optionen angeboten.

EINFÜHRUNG IN DIE FINITE ELEMENTE METHODE
ÜBUNG 1 / STABWERK

Zielsetzung: Sie sollen lernen, wie durch **direkte** Eingabe von Elementen und Knoten das Finite-Elemente-Modell eines einfachen Stabwerkes erstellt werden kann. Sie lernen eine Berechnung durchzuführen und die Ergebnisse in der Form von Verformungsbildern (deformed geometry) und von Falschfarbenbildern (contourplot) darzustellen. Weiterhin lernen Sie eine "bewegte Darstellung" (Trickfilm, Animation) zu erstellen.

Aufgabenstellung: Für das in **Bild 1.1** skizzierte Stabwerk soll ein FE-Modell, das aus Knoten (nodes) und Stabelementen (rod elements) besteht, erstellt werden. Anschließend sind die angegebenen Randbedingungen zu realisieren und die angegebenen Kräfte aufzubringen. Überzeugen Sie sich, daß die korrekten Materialkennwerte für Stahl (material properties) wirksam sind. Weisen Sie den Stäben die entsprechenden Querschnittswerte zu. Erzeugen Sie zunächst die rechte Seite des Modells, indem Sie die Knoten und Elemente eingeben. Der linke Teil des Modells soll dann durch Spiegeln entstehen.

Führen Sie eine Berechnung durch und ermitteln Sie folgende Größen

- **die Knotenverschiebungen (displacements)**
- **die Stabspannungen (element stresses).**

Stellen Sie mit dem Postprozessor die verformte Struktur des Stabwerkes sowie die Stabspannungen in einem Falschfarbenbild dar. Erstellen Sie schließlich eine bewegte Darstellung der verformten Struktur.

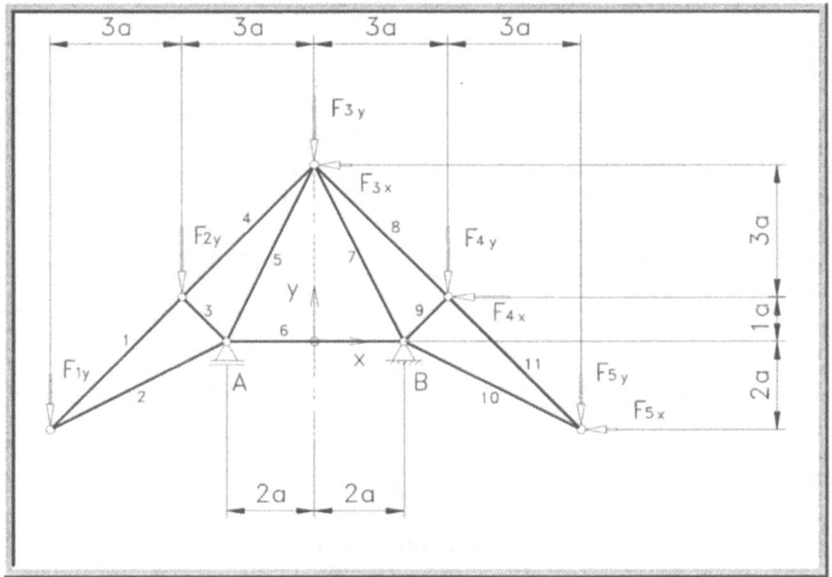

Bild 1.1 Stabwerk

Die Daten des Stabwerkes sind:

a	=	1000	mm	
A	=	10000	mm^2	(Querschnittsfläche der Stäbe)
F_{1y}	=	-1000 N		
F_{2y}	=	-1000 N		
F_{3y}	=	-2000 N		
F_{3x}	=	-500	N	
F_{4y}	=	-2000 N		
F_{4x}	=	-1000 N		
F_{5y}	=	-1000	N	
F_{5x}	=	-500	N	
E	=	210000	N/mm^2	(E-Modul der Stäbe)

LÖSUNG / ÜBUNG 1

1.1 Anstarten des Programms

Diese Übung beginnt mit dem Starten des Programmes IDEAS. Weiterhin werden bestimmte Voreinstellungen eingestellt, die für die FEM-Anwendungen notwendig sind.

Starten Sie nun das Programm IDEAS an:

ideas   <Return>

I-DEAS-Start		
Projekt Name	:	<Ihr Projektname>
Model File Name	:	<Uebung1>
Application	:	<Simulation>
Task	:	<Meshing>
OK		

Anschließend werden die Grundeinheiten Millimeter (mm) und Millinewton (mN) eingestellt:

Options
    Units

<mm(millinewton)>

Schließlich werden die Menüs auf der linken Seite des Bildschirms aktiviert:

Options
    Preferences

Preferences	
Menus...	**<anklicken>**

Menu Preference	
Menu display	**<aktivieren>**
Type all	**<aktivieren>**
Mnemonics display	**<aktivieren>**
OK	

Preferences	
OK	

Damit sind alle Grundeinstellungen getätigt und das Programm ist gestartet. Jetzt kann die eigentliche FEM-Modellierung beginnen.

1.2 Eingabe des FEM-Modellnamens sowie des Part-Namens

Es ist die Grundphilosophie dieses CAE-Programmes IDEAS, daß jedes FE-Modell normalerweise mit einem geometrischen CAD-Teilemodell - einem sogenannten Part - verbunden (assoziiert) ist. Aus diesem Grund wird in dem folgenden Schritt das FE-Modell mit einem Namen benannt. Anschließend wird der Name eines "Parts" angegeben, zu dem das FE-Modell assoziiert ist. Da ja keinerlei Geometrie vorhanden ist, wird dieses Part als leeres Part, lediglich formal mit einem Namen erklärt. Es handelt sich sozusagen um ein "Dummy-Part".

10b

Manage
    Create FE Model...

OK

Das CAD-Teilemodell wurde damit als **Part1** und das FE-Modell als **Fem1** benannt. Selbstverständlich können Sie auch andere Namen als diese Voreingestellten in die Eingabemaske eingeben.

1.3 Eingabe der Knotenpunkte

Bei dieser ersten Übungsaufgabe erzeugen Sie das FE-Modell, indem Sie zunächst die Knoten als Koordinaten und anschließend die Elemente (Stabelemente) "von Hand" eingeben. Sie beginnen mit der Erzeugung der Knotenpunkte, die eine X-Koordinate aufweisen, die größer oder gleich Null ist (also die rechte Seite des Modells! Siehe Aufgabenstellung!).

4a

Node
    Create...

OK

Enter X,Y,Z (0,0,0)	<0	4000	0	Return>
"	<2000	0	0	Return>
"	<3000	1000	0	Return>
"	<6000	-2000	0	Return>
"	<Done>			

Die Eingabe der Knotenkoordinaten wird abgeschlossen, indem Sie
- die **Return**-Taste drücken
- **DONE** eingeben
- im sogenannten verdeckten Menü, das Sie aufschlagen können, indem Sie die rechte Maustaste betätigen, können Sie ebenfalls "Done" anklicken.

1.4 Automatische Skalierung des Sichtbereiches

Möglicherweise sehen Sie auf dem Bildschirm noch keine der erzeugten Knoten. Dies erklärt sich damit, daß diese Knotenpunkte außerhalb des Sichtbereiches liegen, den der Bildschirm momentan darstellt.

Durch Anklicken des Icons

12a

oder durch das über die Tastatur einzugebende Kommando **au** wird der Sichtbereich so skaliert, daß alle Informationen, die Sie eingegeben haben, auf dem Bildschirm dargestellt werden (Bild 1.2)

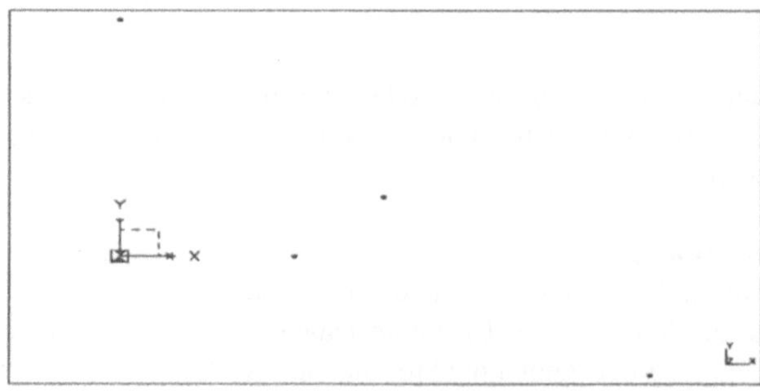

Bild 1.2 Eingegebene Knotenpunkte

1.5 Dynamische Visualisierung

Moderne Workstations verfügen über dynamische Visualisierungsmöglichkeiten, die wir im Folgenden kurz vorstellen wollen. Sie benutzen dazu die Tasten **F1** und **F2** auf der Tastatur (obere Tastenreihe).

Drücken Sie zunächst die Taste **F2** und schieben Sie die Maus hin und her. Was beobachten Sie? Anschließend drücken Sie die Taste **F1** und bewegen wiederum die Maus. Mit diesen beiden Tasten können Sie also den für Sie besten Sichtbereich dynamisch auswählen. Mit der Taste **F1** wird der Sichtbereich verschoben. Die Taste **F2** dient zur Vergrößerung und Verkleinerung des Sichtbereiches.

1.6 Definition des Materials und der physikalische Eigenschaften (Properties)

Bevor Sie mit der Erzeugung der Elemente beginnen können, müssen deren Material und Eigenschaften (Properties) definiert werden. Auch dies ist eine Folge der **Objekthierarchie** der FE-Größen. Wir beginnen mit der Definition des Materials.

5a

Materials...

Materials	
Quick Create...	<anklicken>

Quick Create		
Material Name	<Stahl>	
Modulus of Elasticity	<210000000	Return>
Poissons Ratio	<0.3	Return>
OK		

Materials
OK

Der **E-Modul (modulus of elasticity)** wird in **milliNewton** pro Quadratmillimeter eingegeben, da IDEAS das modifizierte SI-Einheitensystem verwendet. Die **Querkontraktionszahl** wird im Englischen als **poissons ratio** bezeichnet. Als Materialname geben wir die Bezeichnung **Stahl** vor. Anschließend müssen die **Eigenschaften** der Elemente (engl. property) definiert werden.

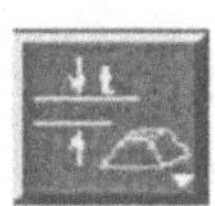

5b

Physical Properties
> **Create**

Select element family for properties (thin shell)	**<rod (=Stab)>**
Enter physical prop name or no. (1 - Rod1)	**<Return>**
Ok to use default values to create table? (yes)	**<Return>**

Die physikalischen Eigenschaften (properties) sind ebenfalls wieder mit einem Namen bzw. einer Ordnungszahl **und** einem Namen versehen. Wir belassen es hier bei der Voreinstellung des Namens (Rod1). Wir könnten aber auch einen anderen Namen eingeben. Damit ist die Definition des Materials sowie der physikalischen Eigenschaften der zu erzeugenden Elemente abgeschlossen.

1.7 Erzeugung der Stabelemente durch Anpicken der Anschlußknoten

Wir gehen weiter bei der Erstellung unseres FE-Modells. Wir könnten nun die von uns erzeugten Knotenpunkte der rechten Seite des Modells um die Y-Achse spiegeln. Dies kann mit dem Kommando **Meshing Node Reflect** geschehen. Wir arbeiten jedoch effektiver, wenn wir zunächst die Stabelemente auf der rechten Seite des Modells erzeugen und anschließend die Stabelemente um die Y-Achse spiegeln. Aufgrund der **Objekthierarchie** der FE-Größen müssen dabei automatisch auch die Knoten auf der linken Seite des Modells erzeugt werden.

4b

Element
> **Create...**

Element	
Element 1D	<aktivieren>
Element Family	<Rod (Stab) einstellen>
Material Selection...	<anklicken>

Material Selection ...	
Stahl	<anklicken>
OK	

Element	
Beam Options...	<anklicken>

Beam Options	
Define Keyin Section...	<anklicken>

Keyin Beam Section	
Area	**<10000>**
OK	

Beam Options
OK

Element
OK

Pick nodes   **<klicken Sie je zwei Knoten an, die durch ein Stabelement verbunden werden sollen>**

Pick nodes   **<Done>**

Nun ist die rechte Seite des FE-Modells fertig (Bild 1.3).

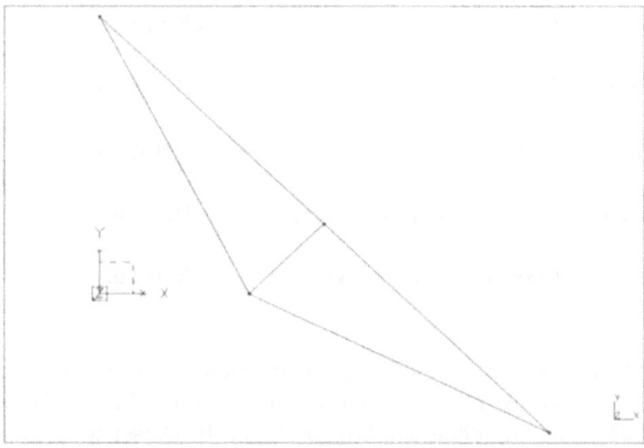

Bild 1.3 Rechte Seite des FE-Modells

1.8 Spiegeln der Elemente um die Y-Achse

Wir reflektieren (spiegeln) diese Elemente nun um die Y-Achse. Aufgrund der Objekthierarchie der FE-Größen werden dabei neue Knoten auf der linken Seite des Modells automatisch erzeugt.

4b

Element
    Reflect

Pick Elements	<geben Sie ein "*" ein. Dies bedeutet, daß Sie alle Elemente reflektieren wollen - Return>
Pick plane	<öffnen Sie durch Drücken der rechten Maustaste das verdeckte Menü und wählen Sie "Axis Planes">
Select axis plane	<wählen Sie die YZ-Ebene>
Enter distance (0.0)	<Return>
Enter distance of nodes from plane not to reflect (1.0)	<Return>
Enter new element start label, inc (6,1)	<Return>
Enter new node start label, inc (5,1)	<Return>
Ok to use symmetric warping? (yes)	<Return>
Ok to keep these additions? (yes)	<Return>

Skalieren Sie anschließend die Darstellung (den Sichtbereich) durch das Kommando Autoscale (AU) bzw. durch Anwendung der F1 und der F2-Tasten. Nun fehlt noch der horizontal ausgerichtete Stab zwischen den Lagern A und B. Dieser wird wieder mit **Element Create...** einzeln erzeugt. Damit ist das FE-Modell, das aus Knoten und Elementen besteht, vollständig erstellt (siehe Bild 1.4)

1.9 Definition von Randbedingungen und Lasten

Um das FE-Modell berechnen zu können, müssen zusätzlich noch Lasten (z.B. Kräfte und Momente) und Randbedinungen (z.B. Lager) definiert werden. Dazu wechseln wir in den **Boundary Conditions Task.**

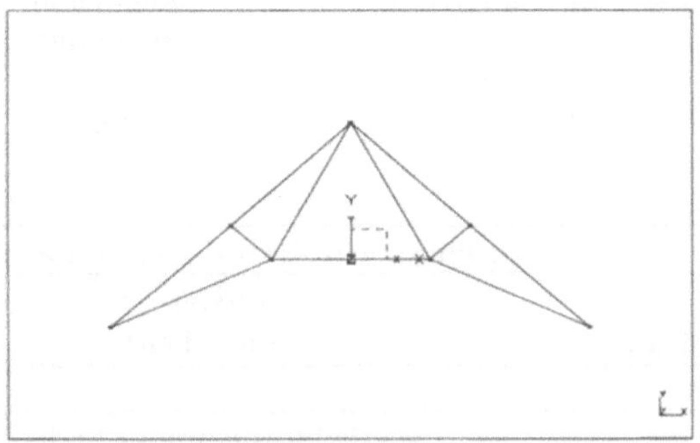

Bild 1.4 Vollständiges FE-Modell

Tasks
   Boundary Conditions

Wir erzeugen zunächst das Lager B:

   **4b**

Create
   Restraint

Pick Nodes/Vertices/Edges/Surfaces   <klicken Sie den Knoten an, der
                                             dem Lager B entspricht>

Pick Nodes/..   <Done>

Displacement Restraint on Node	
Ball Joint	<aktivieren>
OK	

Anschließend wird das Lager A erzeugt:

   **4b**

Create
   Restraint

Pick Nodes/Vertices/Edges/Surfaces	<klicken Sie den Knoten an, der dem Lager A entspricht>
Pick Nodes/..	<Done>

Displacement Restraint on Node	
Specified	**<aktivieren>**
Specify Restraint...	**<anklicken>**

Specified Restraint on Node	
X-Translation	**<Free statt Fixed einstellen>**
Z-Translation	**<Free statt Fixed einstellen>**
X-Rotation	**<Free statt Fixed einstellen>**
Y-Rotation	**<Free statt Fixed einstellen>**
Z-Rotation	**<Free statt Fixed einstellen>**
OK	

Displacement Restraint on Node	
OK	

Damit sind die Randbedingungen definiert. Jetzt werden auf die einzelnen Knoten die Lasten (d.h. Kräfte) aufgebracht.

2a

Create
     Force...

Pick Nodes/Vertices/Edges/Surfaces	<klicken Sie den Knoten an, auf den die Kraft F3 wirkt>
Pick Nodes/..	<Done>

Force on Node	
X-Force	**<-500000>**
Y-Force	**<-2000000>**
OK	

Beachten Sie, daß die Eingabe der Kräfte in **milliNewton** erfolgen muß! Verfahren Sie in vergleichbarer Weise mit den anderen Knoten, auf die Kräfte einwirken.

Nach der Eingabe von Randbedingungen und Lasten sollte Ihr Modell nun wie Bild 1.5 aussehen.

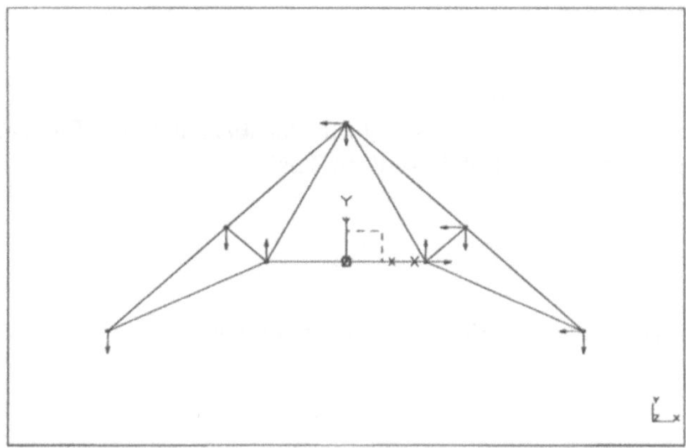

Bild 1.5 FE-Modell mit Randbedingungen und Lasten

1.10 Informationen über das Modell gewinnen

Nachdem nun die Randbedingungen und die Lasten definiert sind, besteht evtl. der Wunsch, sich davon zu überzeugen, daß das Modell korrekt erstellt wurde. Wir wollen kurz zeigen, wie man zu einem existierenden FE-Modell ergänzende Informationen gewinnen kann.

Wählen Sie einige oder alle Knotenpunkte des FE-Modells durch Anpicken mit dem Cursor aus. Mit dem Kommando

8b

Global
        List

erhalten Sie nun eine Liste der Knotenkoordinaten und der Knoteneigenschaften. Wählen Sie nun statt der Knotenpunkte die Randbedingungen in den Punkten A und B an. Sie erhalten mit dem gleichen Kommando eine Liste der von Ihnen definierten Randbedingungen (**ND** = Nodal Displacements). Verfahren Sie ebenso mit den Knotenkräften (**NF** = Nodal Forces).

Unter der Menügruppe **Global,** die übrigens in jedem Task verfügbar ist, verbergen sich weitere nützliche Werkzeuge. So können Sie zum Beispiel bestimmte Größen **löschen (Delete)** oder eine **Markierung durch Zahlen** am Modell anbringen lassen **(Labels).** Mit dem Kommando **Hide** können FE-Größen **ausgeblendet** werden. Sollen diese anschließend wieder sichtbar gemacht werden, so wird das Kommando **Show** verwendet. Mit **Measure** kann z.B. der **Abstand** zwischen zwei Knoten bestimmt werden. Wesentlich bei dieser Kommandogruppe ist dabei, daß die zu bearbeitenden Größen **vorher** angewählt werden!

Schließlich wollen wir unser Modell abspeichern:

File
  Save

1.11 Durchführung der Berechnung
Wir kommen nun zum entscheidenden Schritt der FE-Analyse. Zur Durchführung der Berechnung wechseln wir in den **Model Solution Task:**

Tasks
  Model Solution

Zunächst muß ein sogenanntes **Solution Set** erzeugt werden:

  1a

Solution Set...

Manage Solution Set	
Create...	<anklicken>

Solution Set	
Description	<"Stabwerk" eingeben>
OK	

Manage Solution Set	
Dismiss	

Danach kann der Berechnungslauf gestartet werden:

  2a

Solve...

Solve Form	
Solve	

Die nun durchzuführende Berechnung dauert einige Sekunden. Anschließend wollen wir uns davon überzeugen, daß keine Fehler bei der Berechnung aufgetreten sind. Es können jedoch Warnungen (warnings) auftreten.

2b

Report Solution Errors
        Complete List

Enter Limits (All)   **<Return>**

Falls Sie jedoch alle Schritte dieser Anleitung richtig durchgeführt haben, so sollte der Rechenlauf fehlerfrei beendet werden.

1.12 Post Processing (Darstellung der Ergebnisse)
Zur Darstellung der Ergebnisse wechseln wir in den Post Processing Task:

Tasks
        Post Processing

Wir beginnen mit der Darstellung der verformten Struktur (deformed geometry). Um dies einzustellen, geben wir folgendes Kommando ein:

1a

Results
        Select Results...

Results Selection	
Displacement_...,Load_...	**<anklicken>**
Pfeil vor Deformation Results	**<anklicken>**
Display Results	**<Clear>**
OK	

Schließlich wird die verformte Struktur mit Hilfe des Kommandos

2a

Display Results
> **Execute**

> > *Pick Elements*   **<geben Sie ein "*" ein, um alle
> > Elemente darzustellen oder drücken
> > Sie einfach Return>**

> > *Pick Elements*   **<Done>**

dargestellt.

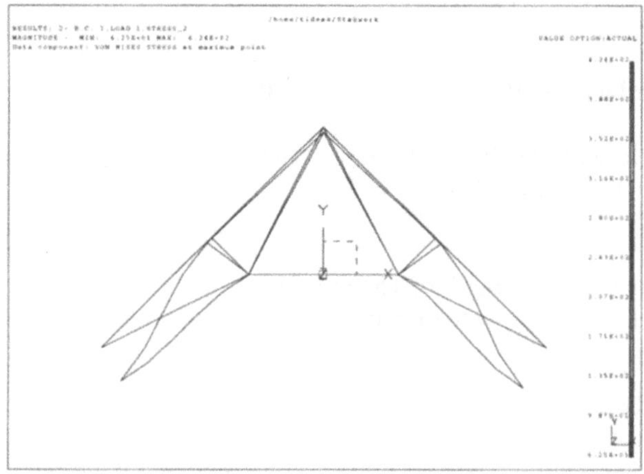

Bild 1.6 Unverformte und verformte Struktur (deformed geometry)

Anschließend wollen wir die Spannungen (nach der Gestaltänderungsenergiehypothese) darstellen. Wir sprechen dann von einem Falschfarbenbild bzw. einem Contourplot. Im englischen Sprachraum wird die Spannung nach der Gestaltänderungsenergiehypothese als Von-Mises-Spannung (Von-mises-stress) bezeichnet.

Um dies einzustellen geben Sie folgendes Kommando ein:

1a

Results
> **Select Results...**

Results Selection	
Stress_...,Load_...	<anklicken>
Pfeil vor Display Results	<anklicken>
Deformation Results	<Clear>
OK	

Die eigentliche Ausführung des Darstellungsvorgangs wird auch hier wieder mit dem Kommando

2a

Display Results
        Execute

Pick Elements	**<geben Sie ein "*" ein, um alle Elemente darzustellen>**
Pick Elements	**<Done>**

erreicht. Sie sollten nun in der Lage sein diese beiden Darstellungsarten zu kombinieren und die Spannungen auf der verformten Struktur darzustellen!

Hinweis:
Falls Sie die Fehlermeldung „Cannot process stress or strain results.." erhalten sollten, dann muß der sogenannte „fast-contour-switch" abgeschaltet werden. Dies geschieht mit der Kommandofolge:

1b

Template...

Display Template	
Results Display	**<aktivieren>**
Contour...	**<anklicken>**

Contour Options	
Fast Display	**<deaktivieren>**
OK	

Display Template	
OK	

Wir wollen noch zeigen, wie man durch „Picken" mit dem Cursor Spannungswerte und Verformungswerte an der Struktur ermitteln kann. Wichtig hierfür ist, daß der sogenannte **Probe-Switch** auf „on" gesetzt ist. Dies erreichen wir so:

1b

Template...

Display Template	
Probe	<aktivieren>
OK	

Anschließend erzeugen wir eine Ergebnisdarstellung (Deformed Geometry bzw. Contourplot). Diese Darstellung muß jedoch eindeutig sein, d.h. eine kombinierte Darstellung der verformten Struktur zusammen mit den Spannungen ist nicht möglich, da sonst das Programm beim Anpicken nicht entscheiden kann welche Darstellung Sie meinen! Wenn Sie eine Ergebnisdarstellung erhalten haben, können Sie mit

2c

Display Results
        Probe

z.B. eine Knotenposition des Modells anpicken, für die Sie dann sowohl im List-Fenster (IDEAS-List) als auch im Grafik-Fenster den entsprechenden Zahlenwert der Spannung oder der Verformung ausgegeben bekommen.

Abschließend erstellen Sie eine Animation (Trickfilm, bewegte Darstellung) des Stabwerkes. Hierzu müssen wieder die Knotenverformungen (Displacements) im Menue **Results Select Results...** ausgewählt werden:

3a

Animate Results
        Execute

Damit ist die erste Übung abgeschlossen.

ÜBUNG 2 / BALKENPROBLEM (TEIL 1)

Zielsetzung: In dieser Übung lernen Sie das Scheibenelement anzuwenden. Ein wesentliches Lernziel ist es, zu zeigen, daß die Anzahl der Knoten eines FE-Modelles einen deutlichen Einfluß auf die Qualität der Ergebnisse hat. Diskutieren Sie diesen Einfluß!

Aufgabenstellung: Für den in **Bild 2.1** skizzierten Biegebalken sollen **mehrere FE-Modelle** nach **Bild 2.3** erstellt werden. Die Ergebnisse der durchzuführenden Berechnungen sollen verglichen und diskutiert werden. Berechnen Sie:

- **die Knotenverschiebung (Durchsenkung) in y-Richtung im Punkt C**
- **die Biegespannung im Punkt B.**

Stellen Sie mit dem Postprozessor die verformte Struktur des Biegebalkens sowie die Spannungen in Falschfarbenbildern dar. Die Biegelinie des Balkens und der Biegespannungsverlauf sollen als XY-Diagramme dargestellt werden. Stellen Sie die Ergebnisse der einzelnen Berechnungsvarianten übersichtlich zusammen und vergleichen Sie diese mit der **analytischen Lösung (Bild 2.2).**

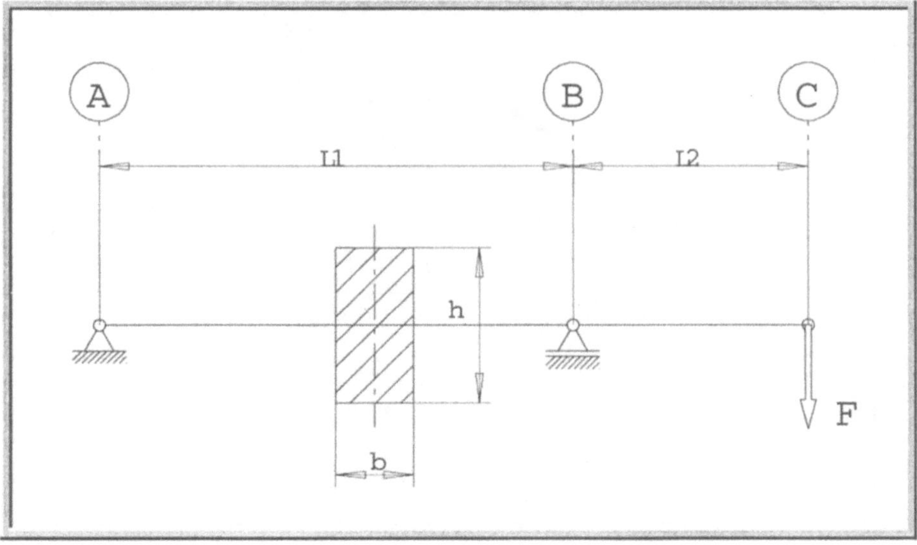

Bild 2.1 Biegebalken

Die Daten dieses Biegebalkens sind:

F	=	1000	N
L1	=	300	mm
L2	=	150	mm
h	=	75	mm
b	=	25	mm
E	=	210000	N/mm^2

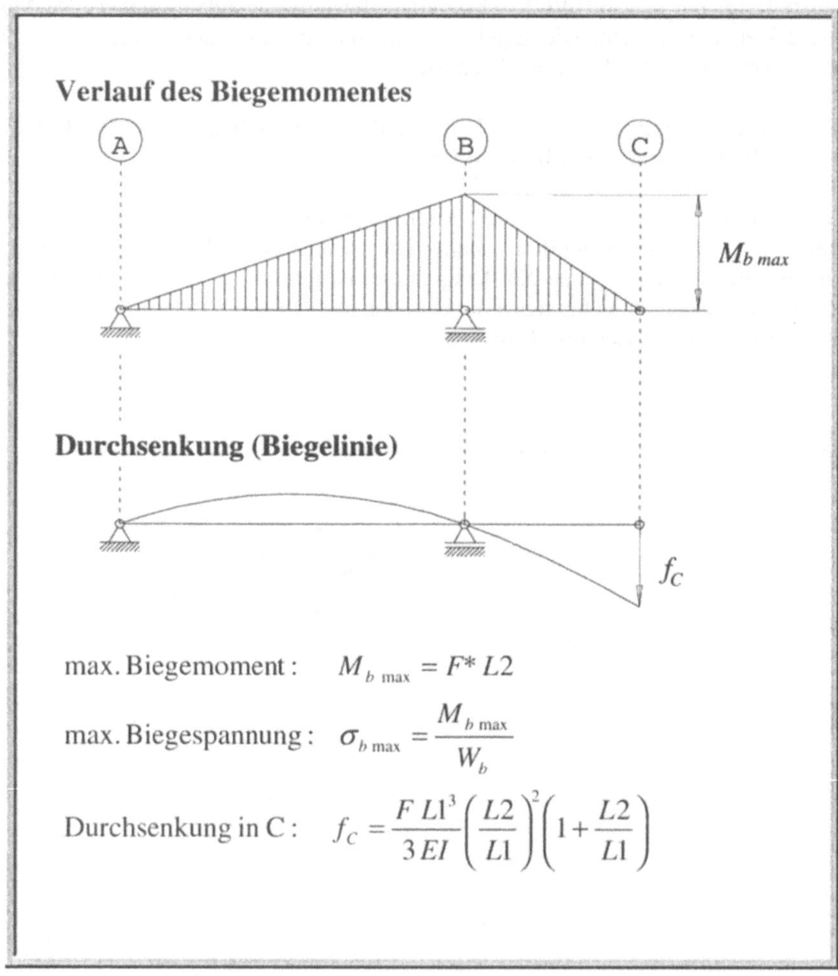

max. Biegemoment: $\quad M_{b\,max} = F * L2$

max. Biegespannung: $\quad \sigma_{b\,max} = \dfrac{M_{b\,max}}{W_b}$

Durchsenkung in C: $\quad f_C = \dfrac{F\,L1^3}{3\,EI}\left(\dfrac{L2}{L1}\right)^2\left(1 + \dfrac{L2}{L1}\right)$

Bild 2.2 Biegemomentenverlauf, Biegelinie und analytische Lösung

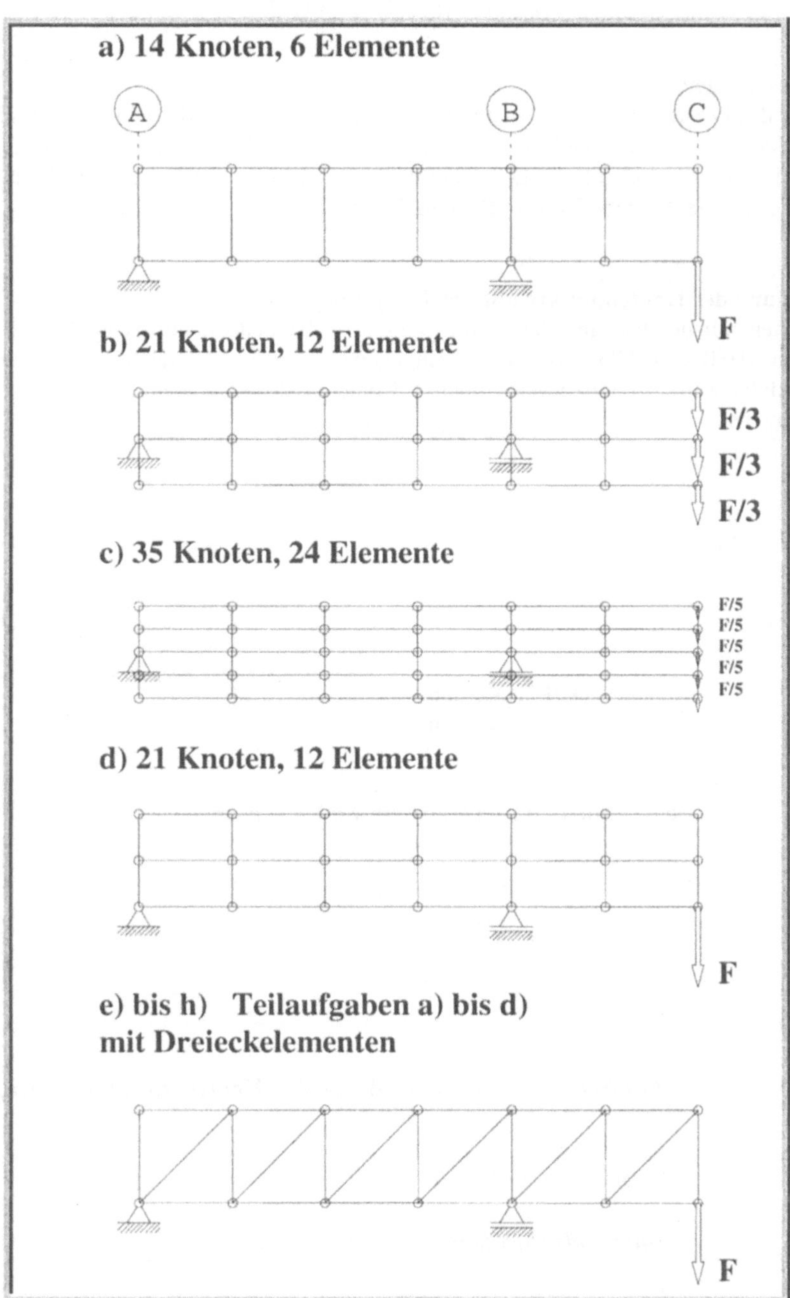

Bild 2.3 Berechnungsvarianten (FE-Modelle)

LÖSUNG / ÜBUNG 2

2.1 Vorbereitungen

Starten Sie das Programm IDEAS entsprechend dem Abschnitt 1.1 der Übung 1 an und geben Sie den Namen des FE-Modelles und des CAD-Teilemodelles (Part) entsprechend dem Abschnitt 1.2 ein. Das (leere!) CAD-Teilemodell können Sie „**Teil1**" nennen, der Name des FE-Modelles für die Aufgabe 2a soll „**Balken-2a**" heißen.

2.2 Erzeugung der Knotenpunkte mit der Copy-Funktion

Wir beginnen mit der Eingabe der Knotenpunkte, wobei jedoch nur zwei Punkte mit den Koordinaten 0,0,0 und 0,75,0 von Hand eingegeben werden. Die restlichen Knotenpunkte dieses Modells werden dann durch 6-faches Kopieren dieser beiden Knotenpunkte in X-Richtung erzeugt.

 **4a**

Node
    Create

OK

           <0 0   0 Return>
           <0 75 0 Return>

Damit sind zwei Knoten definiert, die jetzt kopiert werden können.

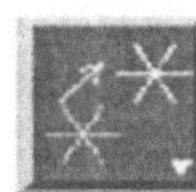 **4a**

Node
    Copy

Pick Nodes   **<picken Sie die beiden Knoten, die nun kopiert
werden sollen>**

Enter number of copies (1)   **<6>**

Enter node start label, inc (3,1)   **<Return>**

Enter delta X,Y,Z (0.0,0.0,0.0)   **<75 0 0 Return>**

Ok to keep these additions (Yes)   **<Return>**

Damit sind alle notwendigen Knotenpunkte erzeugt. Skalieren Sie den Sichtbereich nun so, daß alle erzeugten Knoten sichtbar werden (siehe Abschnitte 1.4 und 1.5):

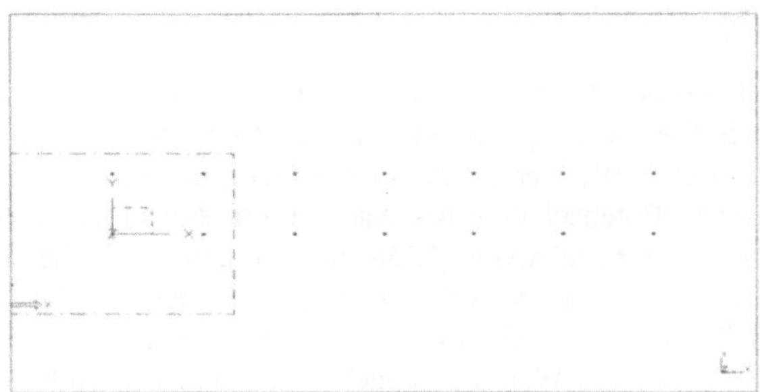

Bild 2.4 Erzeugte Knotenpunkte

2.3 Definition des Materials und der physikalischen Eigenschaften

Bevor mit der Elementgenerierung begonnen werden kann, müssen zuerst das Material und die physikalischen Eigenschaften dieser Elemente definiert werden. Die Definition des Materials (Stahl) geschieht dabei völlig analog zu Abschnitt 1.6. Führen Sie diesen Schritt entsprechend aus.

Anschließend erklären wir die **physikalischen Eigenschaften des Elementes** (element property). Dies ist in diesem Beispiel, bei dem wir **Scheibenelemente** einsetzen wollen, im wesentlichen die **Dicke** der Elemente.

5b

Physical Properties
          Create

Select element family for properties (thin shell)	**<Return>**
Enter physical prop name or no. (1 - Thin Shell1)	**<Return>**
Ok to use default values to create table? (yes)	**<No>**
Enter property name or no.	**<?-Directory>**
Enter property name or no.	**<tk (Thickness=Dicke)>**
Enter 1st value for thickness (1.0)	**<25.0>**
Enter 2nd value for thickness (0.0)	**<Return>**

Enter 3rd value for thickness (0.0)   **<Return>**

Enter 4th value for thickness (0.0)   **<Return>**

Enter property name or no.   **<Done>**

Damit sind die physikalischen Eigenschaften erstellt. Je nachdem, welche „Vorgeschichte" ihre Modelldatei (Modelfile) hat, kann es sein, daß statt der Bezeichnung „1 – Thin Shell1" die Bezeichnung „2 – Thin Shell2" erscheint. Dies ist lediglich ein anderer Vorschlag für den Namen der physikalischen Eigenschaften und kann somit ebenso akzeptiert werden. Bei der Eingabe der Dicke des Scheibenelementes können vier unterschiedliche Werte eingegeben werden, wenn die Dicke über dem Scheibenelement variieren soll. Wir wollen jedoch mit dieser Aufgabe einen Balken mit einer konstanten Dicke von 25 mm simulieren. In diesem Fall muß nur ein Wert (der erste Wert!) eingegeben werden. Die anderen Werte können zu Null gesetzt werden. Dies wird automatisch dadurch erreicht, daß die entsprechenden Eingabeaufforderungen mit „Return" abgeschlossen werden.

2.4 Erzeugung der Elemente

Wir erzeugen zunächst ein Element, indem wir die vier Anschlußknoten dieses Elementes „anpicken". Dabei ist es notwendig, daß beim Anpicken der Anschlußknoten unbedingt ein bestimmter Umlaufsinn für alle zu erzeugenden Elemente eingehalten wird. Entweder wählt man die Knotenpunkte im Uhrzeigersinn aus oder im Gegenuhrzeigersinn. Anschließend erzeugen wir die restlichen Elemente durch einen einzigen Pick in die Nähe des Flächenschwerpunktes des zu erzeugenden Elementes (Funktion „Closest Nodes").

4b

Element
   Create...

Element	
Element 2D	**<aktivieren>**
Element Family	**<„Thin Shell" einstellen>**
Material Selection	**<anklicken und „Stahl" auswählen>**
Element Type	**<stellen Sie das Vierknotenelement ein>**
OK	

Pick Nodes   **<picken Sie nun die ersten vier Knoten, wobei Sie
                            einen bestimmten Umlaufsinn beibehalten müssen
                            zum Aufsammeln der Knoten müssen Sie die Shift-
                            Taste gedrückt halten>**

Pick Nodes   **<aktivieren Sie mit der rechten Maustaste das ver-
deckte Menü und stellen Sie „CLO-Closest Nodes"
ein. Erzeugen Sie anschließend alle weiteren
Elemente, in dem Sie näherungsweise den Mittelpunkt der zu erzeugenden Elemente anklicken>**

Damit sind die Elemente für die Teilaufgabe 2a erzeugt (Bild 2.5)

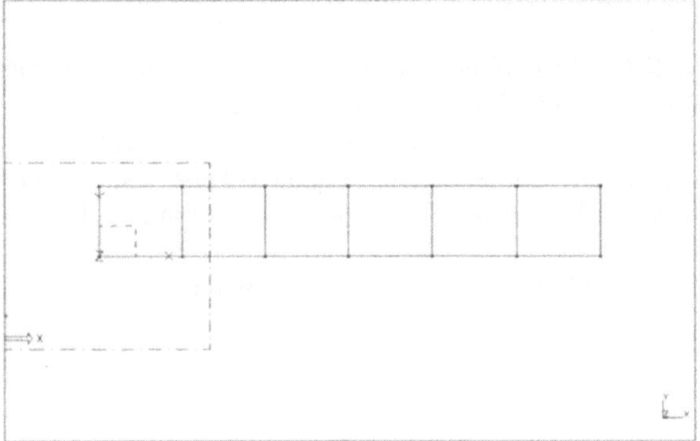

Bild 2.5 Erzeugte Knoten und Elemente

2.5 Durchführung der Berechnung

Zur Definition der Randbedingungen und der Lasten sowie zur Durchführung der Berechnung
können Sie entsprechend den Abschnitten 1.9 bis 1.11 vorgehen. Stellen Sie die Ergebnisse
(Verformung und Spannungsverlauf) graphisch dar (siehe Abschnitt 1.12) Notieren Sie die
Ergebnisse auf dem Lösungsblatt!

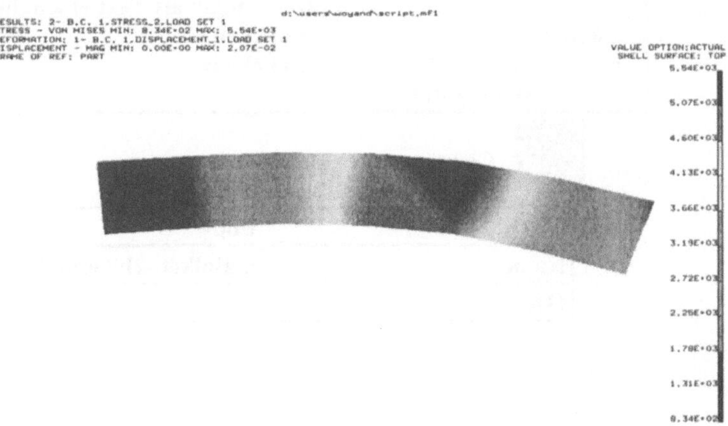

Bild 2.6 Darstellung von Verformung und Spannung (Aufgabe 2a)

2.6 Erzeugung des FE-Modells für die Teilaufgabe b

Zur Erzeugung des FE-Modells für die Teilaufgabe 2b wollen wir folgenden Weg einschlagen: Wir kopieren das FE-Modell aus den vorigen Abschnitten, das den Namen „Balken-2a" trägt, auf ein neues FE-Modell mit dem Namen „Balken-2b". Anschließend wird das erste FE-Modell weggelegt und das zweite neu erzeugte Modell wird weiter bearbeitet bzw. modifiziert. Dieses FE-Modell besteht aus nur einer Elementreihe. Unser neues zu erstellendes Modell aus Teilaufgabe 2b besteht jedoch aus zwei Elementreihen, wobei jede Elementreihe nur die halbe Höhe aufweist. Die Vorgehensweise zur Erstellung dieses Modells ist folgende: wir verschieben die obere Knotenreihe in Y-Richtung um 37,5 mm nach unten. Damit wurde die untere Elementreihe unseres Zielmodelles erzeugt.

Das gesamte FE-Modell für Teilaufgabe 2b wird schließlich durch Kopieren dieser unteren Elementreihe (einschließlich der Knoten) erzielt. Dieser von uns eingeschlagene Weg ist sicherlich etwas umständlich, da bei der geringen Zahl von Elementen das Modell vermutlich schneller nach der in Abschnitt 2.4 gezeigten Vorgehensweise erstellt werden könnte. Jedoch können wir Ihnen auf diesem Weg *neue Funktionen* des Programms IDEAS demonstrieren.

Wir beginnen damit, das FE-Modell „Balken-2a" zu kopieren.

 **10b**

Manage
    Manage...

Manage	
Part1...	<Doppelklick bis FE-Modell „Balken-2a" als Text erscheint>
Balken-2a	<anklicken>
Copy... / bzw. ICON siehe unten	<anklicken>

 Copy

Copy	
Name	<"Balken-2b" eingeben>
OK	

Manage	
Balken-2a	<aktivieren>
Put Away	<anklicken>
Balken-2b	<aktivieren>
Get	<anklicken>
Dismiss	

Damit ist das Kopieren des FE-Modells abgeschlossen. Falls Sie noch nichts auf Ihrem Bildschirm sehen, so liegt dies u.U. daran, daß der Grafikspeicher Ihres Computers noch nicht aktualisiert ist. Klicken Sie deshalb auf das folgende Icon, um das Bild neu aufzubauen.

11a

Der nächste Schritt besteht darin, die obere Knotenreihe um 37,5 mm nach unten zu verschieben (also in negative Y-Richtung). Wir selektieren zunächst diese Knoten, in dem wir ein Fang-Fenster im sogenannten „Gummibandmodus" um diese Knotenreihe legen, bis diese angewählt ist. Dabei halten Sie die linke Maustaste gedrückt.

Bevor wir das so kopierte Modell modifizieren können, müssen die Berechnungsergebnisse aus der Analyse von „Balken-2a", die mitkopiert wurden, im Postprocessing Task gelöscht werden. Das Programm I-DEAS verweigert nämlich jegliche Modifikation eines Modells solange noch „alte" Berechnungsergebnisse vorhanden sind. Wir wechseln also in den Postprocessing Task und löschen diese Ergebnisse:

3b

Results
    Delete

        Enter Results name or range (Directory) <All anklicken>

        OK to delete 3 Results(s) ? (Yes)   <Return>

Nun kann das Modell verändert werden:

4a

Node
    Modify

Select node attribute to modify	<CO-Coordinates>
Enter new coordinates (X,Y,Z)	<T-Translate>
Enter new relative coordinates (X,Y,Z)	<0 -37.5 0 Return>
Ok to keep these modifications? (Yes)	<Return>

Aktualisieren Sie anschließend die Grafik!

Wie Sie sehen, werden Sie nach dem Kommando **Node Modify** <u>nicht</u> dazu aufgefordert, die Knoten, die verschoben werden sollen, anzuwählen d.h. zu picken. Dies geschah schon **vor** dem Aufruf des Kommandos. Diese Vorgehensweise ist bei fast allen Kommandos (Funktionen) von IDEAS möglich! Sie können die zu bearbeitenden Größen vor dem Aufruf des Kommandos auswählen.

Der nächste Schritt besteht im Kopieren der unteren Elementschicht nach oben (also in positive Y-Richtung). Hierzu wählen wir zunächst alle Elemente unseres Modells an, indem wir ein beliebiges Element picken und anschließend im „Gummibandmodus" ein Fangfenster um **alle** Elemente legen. Diese werden dann selektiert.

4b

Element
    Copy and Orient

Enter orient option (None)	<T-Translate>
Enter X,Y,Z translation (0.0,0.0,0.0)	<0 37.5 0 Return>
Enter twist angle (0.0)	<Return>
Enter number of copies (1)	<Return>
Enter new element start label,inc (7,1)	<Return>
Enter new node start labe, inc (15,1)	<Return>
Ok to keep these additions? (Yes)	<Return>

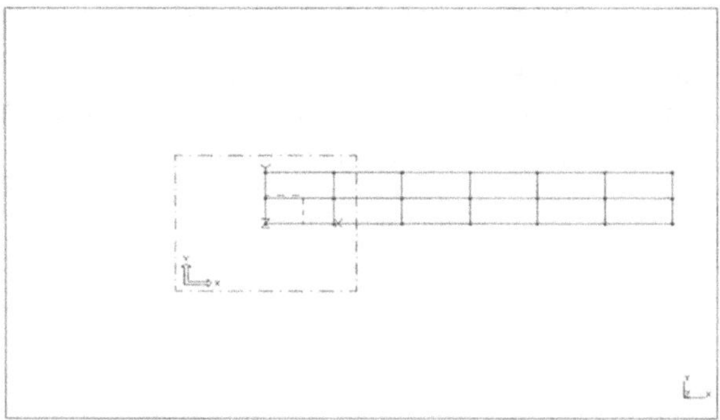

Bild 2.7 FE-Modell für Aufgabe 2.b

Das FE-Modell „Balken-2b" scheint damit fertig zu sein. Falls Sie also nun Randbedingungen und Lasten definieren, kann eine Berechnung durchgeführt werden.

Doch Vorsicht! Dieses Modell ist noch nicht korrekt. Durch das Kopieren der Elemente liegen in der mittleren Knotenschicht doppelte Knotenpunkte vor, d.h. es liegen zwei Knotenpunkte mit identischen Koordinaten „übereinander". Physikalisch gesehen handelt es sich um zwei FE-Modelle, die nicht miteinander in Wechselwirkung stehen. Ältere FE-Programme können solche Systeme nicht lösen, da eine sogenannte Singularität vorliegt. Das Programm IDEAS behebt solche Singularitäten jedoch durch einen Automatismus.

Der Vorteil dieser - moderneren - Vorgehensweise ist, daß solche Modellierungsfehler im Post Processing Task aufgedeckt werden können: zwischen diesen beiden Teilmodellen bzw. Elementschichten klafft deutlich sichtbar eine Lücke, wenn Sie das Verformungsbild im Postprozessor darstellen. Wenn Sie Zeit und Lust haben, können Sie nun eine solche Berechnung durchführen, um sich davon zu überzeugen, daß doppelte Knoten vorliegen.

Falls Sie dies getan haben, müssen Sie jedoch anschließend die Ergebnisse löschen, bevor Sie den Modellfehler beheben. Dies wird wie oben schon gezeigt mit folgendem Kommando aus dem **Postprocessing Task** erreicht:

3b

> **Results**
>   **Delete**

Wir wenden uns nun dem Problem zu, diese doppelten Knoten (diesen Spalt) zu eliminieren. Um sich davon zu überzeugen, daß wirklich doppelte Knoten vorliegen, kann man einfach die Zahlenmarkierungen (Labels) der Knotenpunkte sichtbar machen:

7a

Global
   Labels

Mit der Funktion „Coincident Nodes", die automatisch doppelte Knoten ermittelt, können die beiden Teilnetze gleichzeitig verbunden werden. Diese Funktion ist im **Meshing Task** zu finden:

2b

Check Mesh
   Coincident Nodes

Pick Nodes	<ein „*" eingeben, da alle Knoten untersucht werden sollen>
Enter distance between nodes to be considered coincident (0.001)	<Return>
Enter method to select coincident node (Lower_Label)	<Return>
Ok to list element labels? (No)	<Return>
Ok to merge coincident nodes? (No)	<yes>
Ok to delete nodes that have been replaced? (Yes)	<Return>

Mit dieser Funktion werden also Knoten, die enger als 0.001 mm zusammenliegen, als doppelte Knoten erkannt. Beantwortet man die Frage „Ok to merge coincident nodes?" mit ja (yes), so werden diese doppelten Knoten eliminiert und die dann überflüssigen Knoten können auch gelöscht werden.

2.7 Ergebnisse mit XY-Diagrammen darstellen

Wenn Sie wie oben gezeigt, die doppelten Knotenpunkte eliminiert haben, können Sie die Randbedingungen und Lasten definieren und die Berechnung durchführen. Stellen Sie auch für dieses Teilmodell b die Ergebnisse (Verformungen und Spannungen) dar. Tragen Sie die Ergebniswerte in die Tabellen ein!

Wir wollen anschließend zeigen, wie man für beliebige Ergebnisse (z.B. Verformungen, Spannungen) ein einfaches XY-Diagramm erstellen kann. Jene Ergebnisse, die als X-Y-Diagramm dargestellt werden sollen,müssen

1a

Results
> **Select Results...**

im Feld „Display Results" eingestellt werden (Post Processing Task)

Mit folgendem Menü muß zunächst eine sogenannte **Darstellungsgruppe** definiert werden. Unter einer Darstellungsgruppe werden dabei jene Knoten verstanden, für die die Ergebnisse aufgezeichnet werden sollen. Weiterhin muß die Darstellungsgruppe jene Elemente enthalten die an diese Knoten anschließen:

Graph
> **XY-Graph**
>> **Select Entities**
>>> **Create Group**

> *Pick Nodes/Elements*   **<picken Sie die untere Knotenreihe und die daran anschließenden Elemente an>**

Die unabhängige Achse (X-Achse) soll die X-Komponente der Knotenpunkte darstellen. Dies ist über das Kommando

Graph
> **XY-Graph**
>> **Set Axis Type**
>>> **Node**
>>>> **Part X Coord**

einzustellen. Anschließend erzeugen wir die Grafik durch das Kommando

4b

Graph
> **XY-Graph**
>> **Graph**

Hier ist exemplarisch eine Graphik (Bild 2.9) wiedergegeben, das durch eine solche Darstellung entstanden ist. Beachten Sie bitte, daß der Graph der Funktion jene Größe darstellt, die Sie im Feld **„Display Results"** der Eingabeform **Results Selection** eingestellt haben.

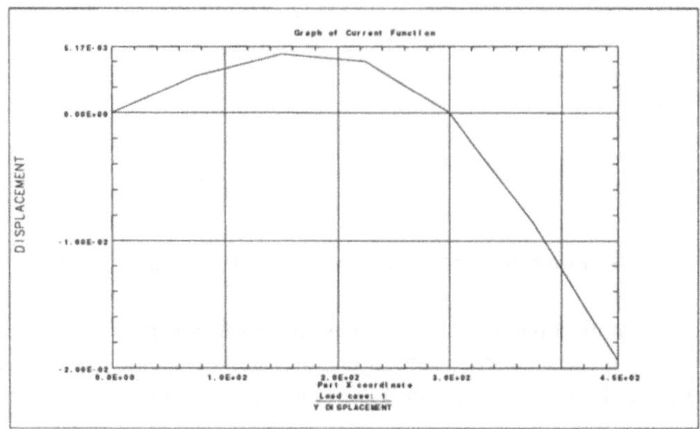

Bild 2.8 X-Y-Diagramm der Verschiebungen (Biegelinie)

2.8 Erzeugung des FE-Modells für die Teilaufgabe 2c

Entsprechend dem Abschnitt 2.6 erzeugen wir ein neues FE-Modell mit dem Namen „Balken-2c" durch Kopieren des Modelles „Balken-2a".

Zur Erzeugung dieses dritten Modells gehen wir wieder einen besonderen Weg, um wichtige Funktionen des Programms IDEAS demonstrieren zu können. Löschen Sie dazu alle Größen (Knoten, Elemente etc.) bis auf eine Knotenreihe des ursprünglichen Modells. Dies kann mit dem Kommando

 **10a**

Global
    Delete

oder durch eine Kombination der Befehle **Element Delete** und **Node Delete** geleistet werden.

Wir wollen jetzt eine Vorgehensweise kennenlernen, die relativ häufig beim Erstellen von FE-Netzen Verwendung findet: die sogenannte **Dimensionserhöhung** oder das **Extrudieren** von Elementen. Um diese Technik anwenden zu können verbinden wir die vorliegende Knotenreihe mit 1D-Elementen (z.B. Stabelementen). Die Vorgehensweise entspricht dabei völlig jener in Übung 1. Dabei kann aber eine beliebige Querschnittsfläche eingegeben werden, da diese Stäbe lediglich Hilfsgrößen sind.

Anschließend werden diese Elemente durch den Vorgang der in Scheibenelemente (Thin Shell) überführt. Dies ist eine sehr effektive und schnelle Art reguläre FE-Netze zu erzeugen.

Erstellen Sie nun die Stabelemente!

Wir zeigen nun im Detail den Vorgang der Dimensionserhöhung.

Element
    Multiple Create
        Extrude
           Translate

Select Element Family (Thin Shell)   **<Return>**

Pick Element Free Edges   **<picken Sie die 1D-Elemente>**

Enter X,Y,Z-Translation (0.0,0.0,0.0)   **<0 75/4 0>**

Enter twist angle (0.0)   **<Return>**

Enter number of copies to sweep (1)   **<4>**

Enter new element start label, inc (7,1)   **<Return>**

Enter new node start label,inc (14,1)   **<Return>**

Enter physical prop name or no. (THIN SHELL1)   **<Return>**
<wählen Sie nun das Material aus>
Ok to keep these additions? (Yes)   **<Return>**

Damit ist das Modell für die Übung 2c erstellt. **Sie dürfen aber nicht vergessen, die Stabelemente (bzw. Balkenelemente, falls Sie solche verwendet haben sollten) zu löschen.** Diese Elemente bleiben nämlich erhalten und werden beim Vorgang der Dimensionserhöhung keinesfalls automatisch gelöscht. Falls Sie diese Elemente nicht löschen würden, bestünde die Gefahr, daß sie bei der nun folgenden Berechnung mit berücksichtigt und das Balkensystem unzulässig versteifen würden.

Bringen Sie nun die Lasten und die Randbedingungen an, führen Sie die Berechnung durch und tragen Sie die Ergebnisse auf dem Ergebnisblatt ein. Erstellen Sie auch ein XY-Diagramm für die Verformungen.

2.9 Durchführung der Berechnung für die Übung 2d

Um die Übung 2d durchzuführen, benötigen wir lediglich eine Kopie des Modells „Balken-2b". Kopieren Sie dieses Modell und nennen Sie es „Balken-2d". Mit den veränderten Randbedingungen können Sie nun eine Berechnung durchführen. Diskutieren Sie den Spannungsverlauf sowie die Verformungen dieser Variante! Was ändert sich, wenn die Lagerung an der unteren Faser des Balkens plaziert wird?

2.10 Durchführung der Übungen 2e bis 2h

Mit dem bisher Gelernten sollten Sie in der Lage sein, diese Fälle zu bearbeiten. Ein Hinweis: bei der Ausführung des Kommandos **Element Create** kann der Elementtyp (element type) auf dreieckförmige Elemente umgeschaltet werden. Damit ist die zweite Übung beendet.

ÜBUNG 3 / BALKENPROBLEM (TEIL 2)

Zielsetzung: In dieser Übung lernen Sie zusätzlich zu dem Scheibenelement das Plattenelement, das Balkenelement und das Volumenelement kennen. Ein wesentliches Lernziel ist es zu zeigen, daß dasselbe physikalische System (hier: der einfache Biegebalken aus Übung 2) mit Hilfe von sehr unterschiedlichen Elementtypen berechnet werden kann. Vergleichen Sie die Ergebnisse, die Sie mit den verschiedenen Elementtypen erhalten.

Aufgabenstellung: Für den Biegebalken aus Übung 2 sollen **mehrere FE-Modelle (Bild 3.1)** erstellt werden. Die Ergebnisse der durchzuführenden Berechnungen sollen verglichen und diskutiert werden. Berechnen Sie:

- **die Knotenverschiebung (Durchsenkung) in y-Richtung im Punkt C**
- **die Biegespannung im Punkt B**
- **die Reaktionskräfte in den Lagern A und B (reaction forces).**

Stellen Sie mit dem Postprozessor die verformte Struktur des Biegebalkens sowie die Spannungen in Falschfarbenbildern dar. Stellen Sie die Ergebnisse der einzelnen Berechnungsvarianten übersichtlich zusammen und vergleichen Sie diese mit der **analytischen Lösung (siehe Übung 2!).**

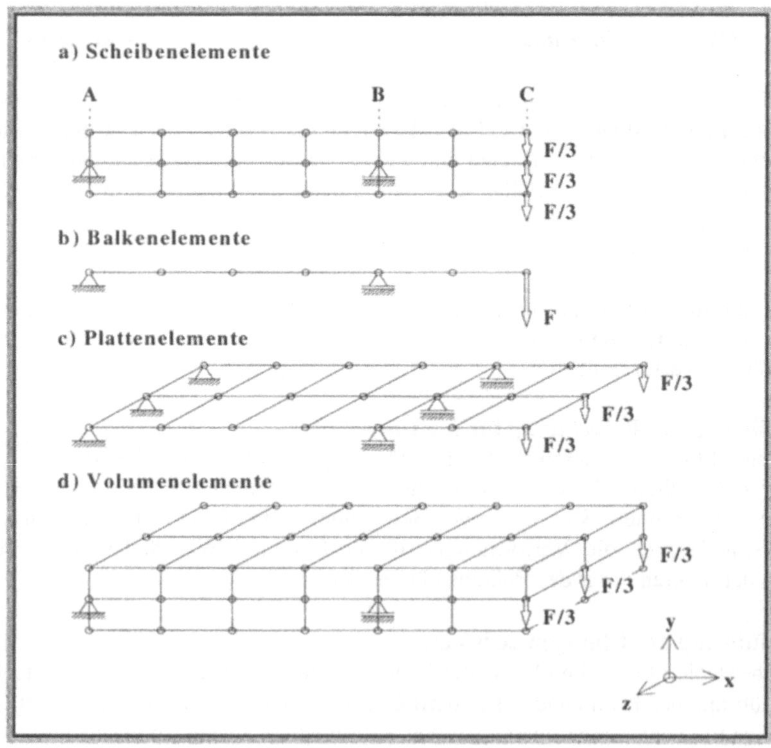

Bild 3.1 Berechnungsvarianten

LÖSUNG / ÜBUNG 3

3.1 Vorbereitungen

In dieser Übung behandeln wir das gleiche physikalische System (einen Biegebalken) wie in der Übung 2. Dabei ist jedoch die Zielsetzung eine Andere. In der zweiten Übung studierten wir, wie sich eine unterschiedliche Elementeinteilung auf das Ergebnis einer FEM-Berechnung auswirkt. Weiterhin wurde der Unterschied zwischen dreieckigen und viereckigen Elementen untersucht. Der Elementtyp blieb aber in allen Berechnungsvarianten gleich: es handelte sich um ein Schalenelement (Thin Shell), das in dieser Anwendung als reines **Scheibenelement** eingesetzt wurde.

Im Gegensatz dazu wird in dieser Übung 3 der Elementtyp variiert. In jedem der Berechnungsfälle a) bis d) wird ein anderes, finites Element eingesetzt. Wir lernen also, daß man ein und dasselbe physikalische System (Biegebalken) mit den unterschiedlichsten finiten Elementen (Scheibenelement, Balkenelement, Plattenelement und Volumenelement) berechnen kann. Wir lernen dabei auch die Vor- und Nachteile dieser Elementtypen kennen.

In der zweiten Übung lernten wir FE-Modelle zu erzeugen und Inhalte aus einem Modell in das andere zu kopieren. Da die Teilaufgabe a) dieser Übung 3 identisch ist zum Modell aus Übung 2b), braucht die Teilaufgabe a) nicht extra berechnet zu werden. Erzeugen Sie deshalb für die Teilaufgabe b, c und d jeweils FE-Modelle mit den Namen „Balken-3b" bis „Balken-3d".

3.1 Berechnung mit Balkenelementen

Um das FE-Modell mit Balkenelementen zu erzeugen, generieren wir zunächst die Knoten. Dies geschieht dadurch, daß wir die Knoten mit den Koordinaten 0,0,0 und 450,0,0 über die Tastatur eingeben. Die restlichen Knoten werden anschließend mit der Funktion **Between Nodes** erzeugt. Diese Funktion ermöglicht es, mehrere Knoten zwischen existierenden Knoten in einem Arbeitsschritt zu erzeugen.

Wir beginnen damit, zwei Knoten über die Tastatur einzugeben. Dies geschieht wieder im **Meshing Task:**

4a

Node

Create...

OK

Enter X,Y,Z (0,0,0)	<0 0 0	**return>**
"	<450 0 0	**return>**
"	<Done>	

Die restlichen Knoten werden nun über die Funktion **Between Nodes** erzeugt:

4a

Node
    Between Nodes

        Pick Nodes   **<picken Sie den ersten Knoten an>**

        Pick Nodes (Done)   **<Return>**

        nodes required for 2nd master set

        Pick Nodes   **<picken Sie den zweiten Knoten an>**

        Pick Nodes (Done)   **<Return>**

        Enter number of copies between sets (1)   **<5>**

        Enter node start label,inc (3,1)   **<Return>**

        Ok to keep these additions? (Yes)   **<Return>**

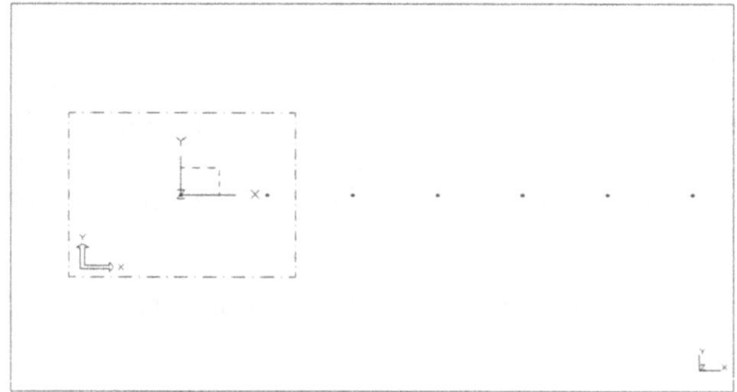

Bild 3.2 Knotenerzeugung

Bevor mit der Erzeugung der Balkenelemente begonnen werden kann, sollte zunächst die Querschnittsfläche der Balken skizziert werden, um das physikalische Verhalten des Balkensystems festzulegen. Damit wird also die „physical property" erzeugt. Um dies zu leisten, wechseln wir in den **Beams Sections Task:**

Task
    Beams Sections

Unser Balken soll einen Rechteckquerschnitt aufweisen:

1c

Create
        Standard Shape
                Rectangle

                        Enter base   **<25>**

                        Enter height   **<75>**

                        Is this cross section ok? (yes)   **<Return>**

Die von Ihnen definierte Querschnittsfläche wird nun angezeigt. Diese Querschnittsfläche wird nun abgespeichert. Wir geben Ihr den Namen **„Rechteckquerschnitt":**

Manage Sections
                Store

                Enter beam cross sect prop name or no. (...)   **<Rechteckquerschnitt>**

Anschließend wechseln wir wieder in den Meshing Task

Tasks
        Meshing

und beginnen mit der Erzeugung der Balkenelemente:

4b

Element
        Create...

Element	
Element 1D	**<anklicken>**
Element Family	**<Beam>**
Element Type	**<Balken mit zwei Anschlußknoten und konstantem Querschnitt anwählen>**
Material Selections	**<Stahl einstellen>**
Beam Options	**<anklicken>**

Beam Options	
Fore cross section	<mit ? „Rechteckquerschnitt" anwählen>
OK	

Element
OK

Pick Nodes   <klicken Sie je zwei Knoten, um ein
                     Balkenelement zu erzeugen>

Pick Nodes   <Done>

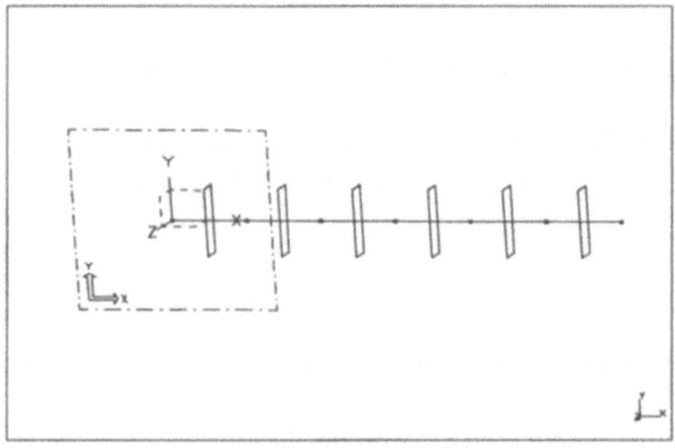

Bild 3.3 Querschnittsflächen

Wie Sie sehen, wird die Querschnittsfläche der Balkenelemente graphisch dargestellt. Damit ist sichergestellt, daß die Querschnittsfläche richtig orientiert ist.

Wir führen nun die Berechnung durch. Bevor wir jedoch in den Model Solution Task wechseln, müssen noch die Randbedingungen und Lasten entsprechend dem Abschnitt 1.9 (Übung 1) erzeugt werden. Dieser Vorgang wird hier ausgelassen.

Tasks
   Model Solution

Bei der Definition der Solution Sets wollen wir erreichen, daß zusätzlich zu den Verschiebungen und den Spannungen die Reaktionskräfte (reaction forces) in den Lagern berechnet werden. Weiterhin wollen wir die Elementkräfte vom Programm ermitteln lassen. Dies ist die Vorbedingung, um im Post Processing Task später die spezifischen, nur für Balkenelemente möglichen, Darstellungsweisen, wie z.B. Momentenverläufe und Biegespannungsverläufe anwählen zu können.

1a

Solution Sets...

Manage Solution Set
Create...   <anklicken>

Solution Set
Output Selection...   <anklicken>

Output Selection	
Reaction Force	<aktivieren>
Store/List	<Store einstellen>
Element Forces	<aktivieren>
Store/List	<Store einstellen>
OK	

Solution Set
OK

Manage Solution Set
Dismiss

Anschließend starten wir die Berechnung mit

2a

Solve...

3.2 Post Processing für Balkenelemente

Mit dem Wissen aus Abschnitt 1.12 sollten Sie in der Lage sein, die verformte Darstellung des gesamten Balkensystems, sowie die Spannungen nach dem „Von-Mises"-Kriterium als Falschfarbenbild darzustellen.

Im folgenden sollen nun einige typische Darstellungsmöglichkeiten für Modelle aus Balkenelementen gezeigt werden. Wichtig ist hierbei, daß bei der Definition des Solution Sets die Elementkräfte (element forces) zur Berechnung ausgewählt werden. Wie das geschieht ist im Abschnitt 3.1 gezeigt worden.

Wir wählen im ersten Schritt die Elementkräfte zur Darstellung aus:

1a

Results
    Select Results...

Results Selection	
Element Force	<aktivieren>
Display Results	<anklicken>
Deformation Results	<Clear>
OK	

Dann wollen wir die Querschnittsfläche des Balkens mit der darin wirksamen Spannungsverteilung darstellen. Wir wählen die Von-Mises-Spannung

Beams
    Contour On X-Section
        Data Component
            Von Mises

wählen ein Balkenelement aus

Beams
    Contour On X-Section
        Select Beam

        Pick Beam for stress display   **<wählen Sie ein Balkenelement>**

und plotten die Spannung auf die Querschnittsfläche auf (siehe Bild 3.4)

Beams
    Contour On X-Section
        Shaded Image
            Execute

Im nächsten Schritt wollen wir den Momentenverlauf des Biegemomentes um die Z-Achse, sowie die entsprechende Biegespannung graphisch darstellen. Mit

Beams
    Forces & Stress
        Data Component
            Force
                Moment about Z

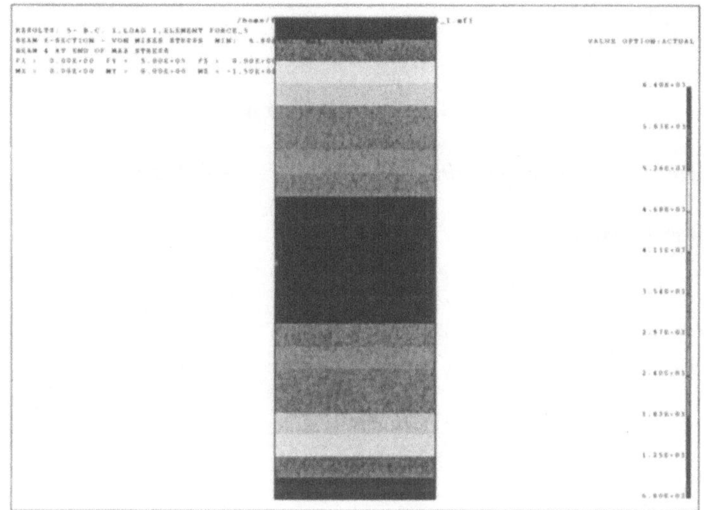

Bild 3.4 Von Mises Falschfarbendarstellung der Querschnittsfläche

wählen wir das Biegemoment um die Z-Achse aus und plotten dies nun an (Bild 3.5)

Beams
     Forces & Stress
          Execute

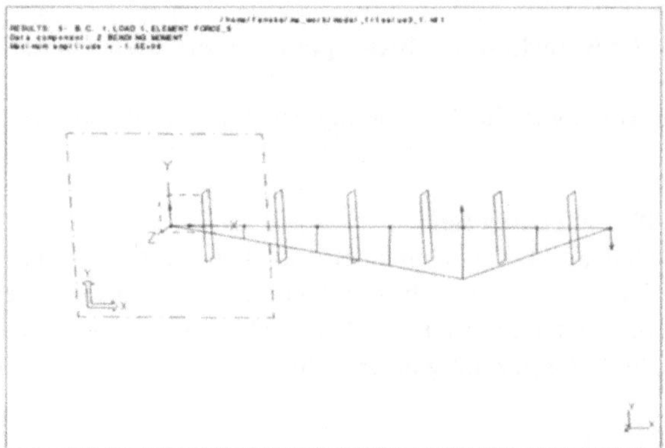

Bild 3.5 Verlauf des Biegemomentes um die Z-Achse

Um den Spannungsverlauf darzustellen, wählen wir die Biegespannung um die Z-Achse aus

Beams
    Forces & Stress
        Data Component
            Stress
                Bending Stress about Z

Enter point for stresses (maximum point)   **<Return>**

und plotten diese an (Bild 3.6)

Beams
    Forces & Stress
            Execute

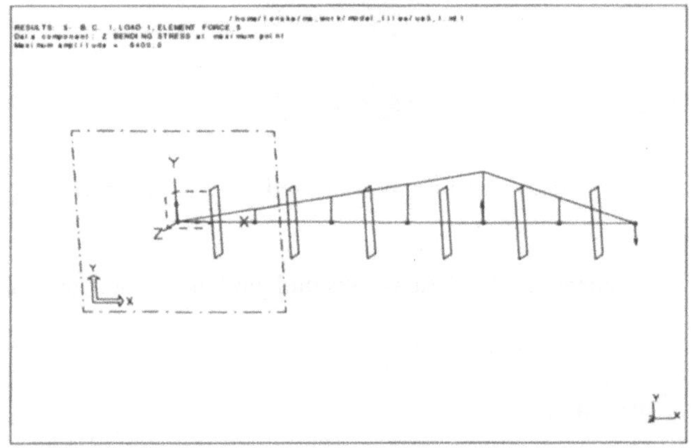

Bild 3.6 Verlauf der Biegespannung um die Z-Achse

Damit ist dieser kurze Ausflug in die Anwendung der Balkenelemente beendet.

3.3 Anwendung von Plattenelementen

Wir kopieren das Modell aus Balkenelementen mit dem Namen „Balken-3b" in ein neues
Modell mit dem Namen „Balken-3c". Mit der Methode der Dimensionserhöhung, (dem so-
genannten Extrudieren), erzeugen wir nun die Plattenelemente. Diese Vorgehensweise war im
Prinzip schon im Abschnitt 2.8 gezeigt worden. Wir wechseln dazu in den Meshing Task:

Tasks
    Meshing

und erzeugen die Plattenelemente durch Extrusion:

Element
    Multiple Create
            Extrude
                Translate

Select Element Family (Thin Shell)   **<Return>**

Pick Element Free Edges   **<picken Sie die 1D-Elemente>**

Pick Element Free Edges(Done)   **<Return>**

Enter X,Y,Z-Translation (0.0,0.0,0.0)   **<0 0 12.5>**

Enter twist angle (0.0)   **<Return>**

Enter number of copies (1)   **<2>**

Enter new element start label, inc (7,1)   **<Return>**

Enter new node start label,inc (8,1)   **<Return>**

Enter physical prop name or no. (THIN SHELL...)

**<wählen Sie die Tabelle der physikalischen Eigenschaften aus,
  die eine Dicke = 75 mm enthält>**

Ok to keep these additions? (Yes)   **<Return>**

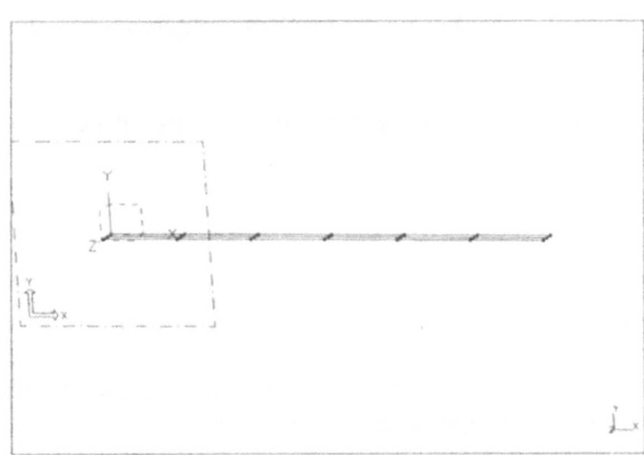

Bild 3.7 Plattenelemente

Es werden also wieder Elemente vom Typ „Thin Shell" (dünne Schale) erzeugt. Der Begriff des Schalenelementes vereint das physikalische Verhalten des Scheibenelementes mit dem des Plattenelementes. Schalenelemente können also sowohl ein Scheiben- als auch ein Plattenverhalten aufweisen. Wie das Element reagiert, hängt entscheidend von der Anordnung der Lasten und der Randbedingung im Verhältnis zur Elementgeometrie ab.

Bringen Sie nun die Randbedingungen und die Lasten an der Struktur (entsprechend Bild 3.1) an und führen Sie eine Berechnung durch. Vergessen Sie aber nicht die Balkenelemente, mit denen die Dimensionserhöhung durchgeführt wurde, zu löschen. Dies geschieht *nicht* automatisch!

3.4 Post Processing für Platten- und Schalenelemente

Die Möglichkeiten, um Spannungen auf Platten- bzw. Schalenelemente aufzuplotten, also Falschfarbenbilder zu erzeugen, sind vergleichbar zu jenen, die wir in der Übung 2 am Scheibenelement studieren konnten. Im Gegensatz zu Strukturen mit reinem Scheibenverhalten, muß jedoch bei Elementen mit Plattenverhalten zwischen der **Oberseite** und der **Unterseite** des Elementes unterschieden werden. Dies liegt daran, daß an einem Plattenelement aufgrund des **Biegezustandes** oben und unten unterschiedliche Spannungen auftreten können. Dies hat zwei Konsequenzen:

- der Computer muß unterscheiden und entscheiden können, was „oben" und was „unten" ist. Hierzu orientieren sich die FE-Programme am Umlaufsinn der Knotenpunkte bei der Erzeugung der Elemente. Aus diesem Grund muß bei Schalenstrukturen darauf Wert gelegt werden, daß alle Elemente eine einheitliche Orientierung erhalten. Bei der Erzeugung der Elemente nach dem Verfahren der Dimensionserhöhung entsteht allerdings automatisch eine einheitliche Orientierung

- beim Post Processing muß der Berechnungsingenieur entscheiden, ob er die Ergebnisse auf der Unterseite oder auf der Oberseite der Schalen anplotten will. Alternativ besteht auch die Möglichkeit die Ergebnisse in der Mitte der Schale darzustellen.

Die Auswahl zwischen Ober- und Unterschale ist im **Post Processing Task** durch das Kommando

1c

Calculation Domain...

möglich. Es erscheint eine Eingabeform. Unter dem Eintrag **Shell** kann zwischen TOP, MIDDLE, BOTTOM (oben, mitte, unten) gewählt werden.

Eine Überprüfung der Elementorientierung ist im **Meshing Task** möglich:

2b

Check Mesh
         Shell Norm Consistent

Pick Elements   **<wählen Sie die zu untersuchenden
                                     Elemente an, z.B. mit einem *, wenn
                                     Sie alle Elemente testen möchten>**

Pick master element to base connectivity on

Pick Elements   **<picken Sie ein Element, dessen Orientierung
                                     damit zur Basisorientierung wird>**

Falls alle Elemente gleich orientiert sind, folgt eine Meldung

No elements were found with reverse connectivity.

Im anderen Falle werden vom Programm jene Elemente markiert, die eine abweichende Orientierung aufweisen. Falls der Benutzer dies wünscht, werden alle Elemente vom Programm automatisch gleichförmig orientiert. In diesem Fall hat der Benutzer die folgende Frage des Programms mit Return zu beantworten

Ok to keep these modifications? (Yes).

3.5 Anwendung von Volumenelementen

Um zu einem FE-Modell aus Volumenelementen zu kommen, wenden wir den Vorgang der Dimensionserhöhung ein weiteres Mal an. Zunächst kopieren wir das Modell aus Plattenelementen „Balken-3c" in das FE-Modell „Balken-3d". Wir selektieren nun die Plattenelemente und erzeugen aus ihnen durch Extrusion ein Volumenmodell:

Element
    Multiple Create
        Extrude
            Translate

Select element family (Thin_Shell)   **<Solid>**

Pick Element Free Faces   **<„*" für alle eingeben>**

Enter X,Y,Z translation (0.0,0.0,0.0)   **<0 75/2 0>**

Enter twist angle (0.0)   **<Return>**

Enter number of copies to sweep (1)   **<2>**

Enter new element start label,inc (13,1)   **<Return>**

Enter new node start label,inc (22,1)   **<Return>**

Enter physical prop name or no. (4-Solid4) **<Return>**

Ok to use default values to create table? (Yes)   **<Return>**

Bei der Erstellung der Volumenelemente wird eine Tabelle der physikalischen Eigenschaften mit dem Namen „Solid..." automatisch erzeugt. Der Benutzer kann jedoch statt dessen auch einen anderen Namen eingeben. Weiterhin muß bei der Erstellung der Tabelle der physikalischen Eigenschaften auch das Material angewählt werden, aus dem die Volumenelemente bestehen sollen. Dies wurde aus Gründen der Vereinfachung in dem oben stehenden Dialog nicht gezeigt.

Sie können nun die Berechnung durchführen und die Ergebnisse graphisch darstellen.

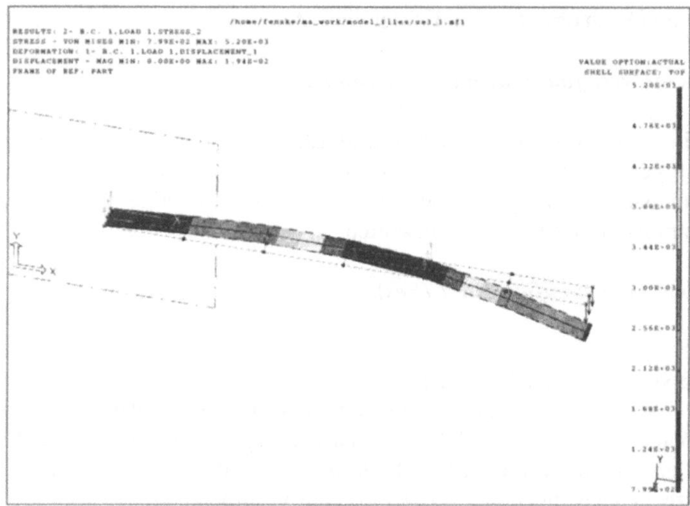

Bild 3.8 Plattenelemente unter Belastung

Damit ist die dritte Übung beendet.

ÜBUNG 4 / FLACHSTAB MIT LOCH

Zielsetzung: In dieser Übung sollen Sie lernen, wie eine einfache **Festigkeitsberechnung** durchgeführt wird. Weiterhin lernen Sie, daß es oftmals genügt eine **Teilstruktur** zu berechnen, wenn man **Symmetrieeigenschaften** ausnutzt. Die Realisierung dieser Symmetrie wird durch die Formulierung entsprechender **Randbedingungen** erreicht.

Aufgabenstellung: Für den in **Bild 4.1** dargestellten Flachstab mit Loch soll eine FE-Analyse durchgeführt werden. Modellieren Sie nur jenen Teil des Stabes, der in Bild 4.1 schraffiert dargestellt ist. Nutzen Sie zur Netzerzeugung den automatischen Netzgenerator (Free Meshing). Berechnen Sie **vier Lastfälle** wobei Sie die Belastung (Krafteinleitung) des Lochstabes unterschiedlich realisieren sollen. Diese Lastfälle sind:

- konzentrierter Kraftangriff an einem Knoten des Modells (Fall a)

- gleichmäßige Verteilung der Kraft auf alle Knoten der linken Berandung (Fall b)

- Verteilung der Kraft auf alle Knoten der linken Berandung, wobei allerdings die Eckknoten nur eine reduzierte Kraftkomponente erhalten (Fall c). Die Gesamtsumme der Kräfte muß jedoch wieder 100000 N ergeben

- Zuweisung der Kraft an die geometrische Kante, die den entsprechenden Knoten assoziiert ist (Fall d)

Alle diese Lastfälle sollen in einem Rechenlauf durchgeführt werden. Abschließend soll die nach Ihrer Einschätzung günstigste Belastungsvariante an einem zweiten FE-Netz, das etwas feiner auflöst (6 Elemente im Kerbbereich) erprobt werden (Fall e)

Studieren Sie den Einfluß der Krafteinleitung sowie den Einfluß der Netzfeinheit. Welche Wirkung haben diese Parameter auf die Maximalspannung am Loch? Vergleichen Sie die mit der FE-Methode berechneten Spannungen mit der theoretischen Lösung. Diskutieren Sie den Einfluß der Lasteinleitung auf die Verformungs- und Spannungsverteilungen. Verwenden Sie zur Analyse **Scheibenelemente**. Abschließend soll ein XY-Diagramm der Vergleichs-spannungswerte nach Von Mises im Kerbbereich erstellt werden.

Stellen Sie die Ergebnisse der einzelnen Berechnungsvarianten übersichtlich zusammen und vergleichen Sie diese mit der **analytischen Lösung!**

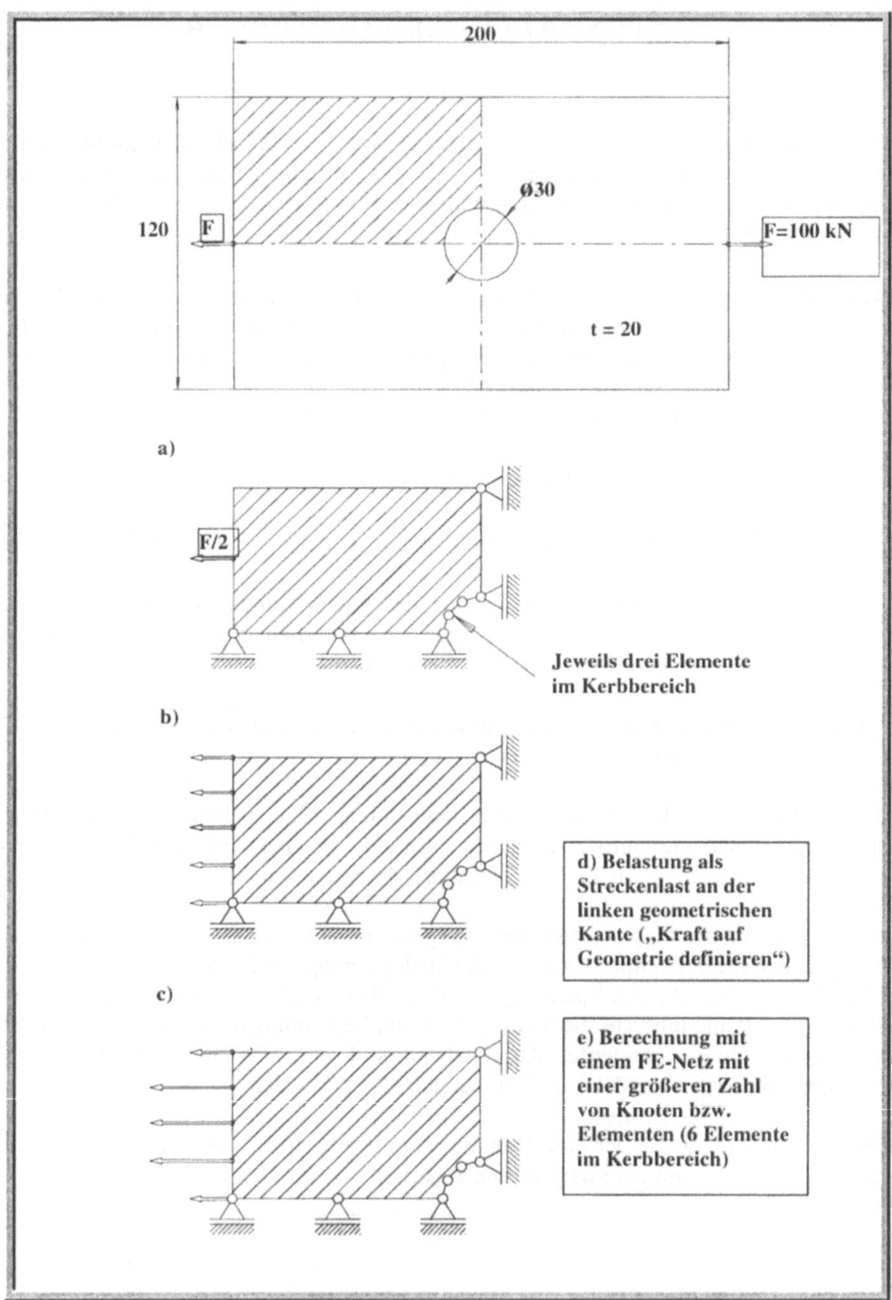

Bild 4.1 Flachstab mit Loch

LÖSUNG / ÜBUNG 4

4.1 Erstellung eines CAD-Teilemodells (Parts)

Legen Sie eine Modelldatei mit dem Namen „Uebung4" an.

In dieser Übung wollen wir zeigen, wie die Geometrie, die in dem Task „Master Modeler" erzeugt werden kann, zur FE-Modellerstellung nutzbar ist. Wir wechseln deshalb zunächst in den Master Modeler Task, um die Geometrie des Flachstabes zu erzeugen.

Task

      Master Modeler

Im ersten Schritt erzeugen wir ein Rechteck, das ein Viertel des Flachstabes (siehe Bild 4.1) repräsentieren soll:

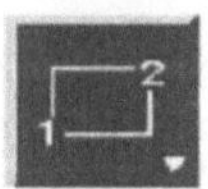

2a

Create

      Rectangle

            Rect by 2 Corners

                 Locate first corner   **<mit der rechten Maustaste das verdeckte Menue aufklappen und OPTIONS... wählen>**

Rectangle by Two Points Options	
First	**<für x und y jeweils Null eingeben>**
Second	**<für x=100 und y=60 eingeben>**
OK	

Damit wurde eine Rechteck erzeugt. In der rechten unteren Ecke des Rechtecks wird nun ein Kreis plaziert:

3a

Create

      Circle

            Center Edge

    Locate Center   **<picken Sie die rechte untere Ecke
des Rechtecks an>**

    Locate Point on Edge   **<mit der rechten Maustaste das
verdeckte Menue aufklappen
und OPTIONS... wählen>**

Circle by Center and Edge Options	
Radius	**<15>**
OK	

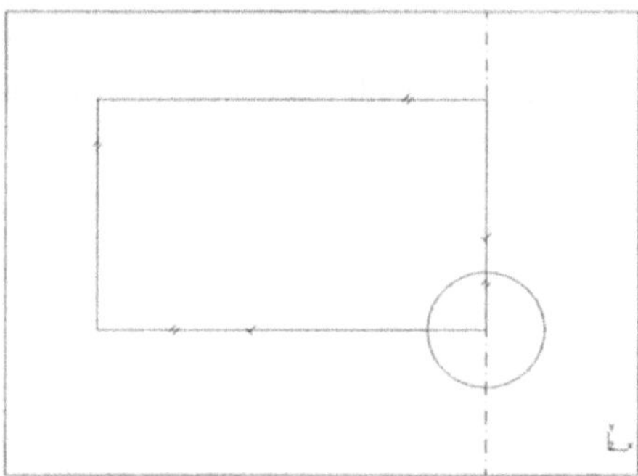

Bild 4.2 Rechteck und Kreis

Im nächsten Schritt soll aus dem Rechteck und dem Kreis ein dreidimensionales Volumen erzeugt werden. Hierzu wird das Verfahren der Extrusion (Dimensionserhöhung) angewendet, das wir in ähnlicher Form schon bei der Erzeugung von Volumenelementen (Abschnitt 3.5) kennengelernt hatten:

    5a

Create
    Extrude

    Pick curve ore section   **<mit rechter Maustaste das verdeckte
Menue SECTION OPTIONS...
wählen>**

Section Options	
Planar sections only	**<aktivieren>**
Autochain	**<deaktivieren>**
Stop at intersections	**<aktivieren>**
OK	

Pick Curve or section   **<picken Sie die aufeinanderfolgenden Kurven an>**

Pick curve to add or remove (Done)   **<Return>**

Extrude Section	
Distance	<20>
New Part	<aktivieren>
OK	

Damit wurde ein Viertel des Flachstabes als Volumenmodell erzeugt. Dieses CAD-Teilemodell (Part) erhält von uns abschließend den Namen „Flachstab":

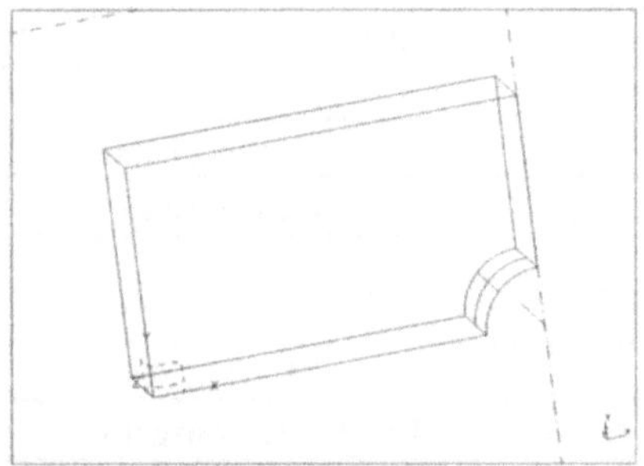

Bild 4.3 Volumenmodell

10b

Manage
    Name...

Pick part to name   **<picken Sie das Volumenmodell an>**

Name	
Name	<„Flachstab" eingeben>
OK	

Damit ist die Geometrieerstellung abgeschlossen.

4.2 Erzeugung des FE-Netzes mit dem automatischen Netzgenerator

Um ein FE-Netz zu erstellen, erklären wir ein FE-Modell mit dem Namen „FE-Netz1" im Meshing Task:

Task
    Meshing

    10b

Manage
    Create FE Model...

FE Model Create	
Get...	<anklicken>

Select Parent Part	
Flachstab	<aktivieren>
OK	

FE Model Create	
FE Model Name	<„FE-Netz1" eingeben>
OK	

Wir wollen nun ein FE-Netz aus Scheibenelementen (Thin Shell) auf der Vorderfläche des Volumens erzeugen. Hierzu werden zunächst die Eigenschaften dieses Netzes definiert:

    1a

Define
    Shell Mesh...

    Pick Surfaces   <picken Sie die zu vernetzende Fläche des Körpers>

    Pick Surfaces (Done)   <Return>

Define Mesh	
Mesh Type Free	<aktivieren>
Element Length	<7>
Element Family	<Thin Shell>
Element Type	<Vierknotenelement anwählen>
OK	

Jetzt erfolgt die Netzgenerierung:

1c

Generate
   Shell Mesh

   Pick Surfaces   **<picken Sie die zu vernetzende Fläche>**

   Pick Surfaces (Done)   **<Return>**

   Ok to keep these additions? (Yes)   **<Return>**

Durch die Definition der mittleren Elementlänge von 7 mm werden im Kerbbereich lediglich drei Elemente erzeugt. Es handelt sich also um ein relativ grobes FE-Netz. Schließlich muß noch die Dicke der Scheibenelemente festgelegt werden. Da die Dicke der Elemente Bestandteil der Tabelle der physikalischen Eigenschaften ist, modifizieren wir diese. Verfahren Sie im folgenden entsprechend dem Abschnitt 2.3. Geben Sie für die Elementdicke 20 mm vor.

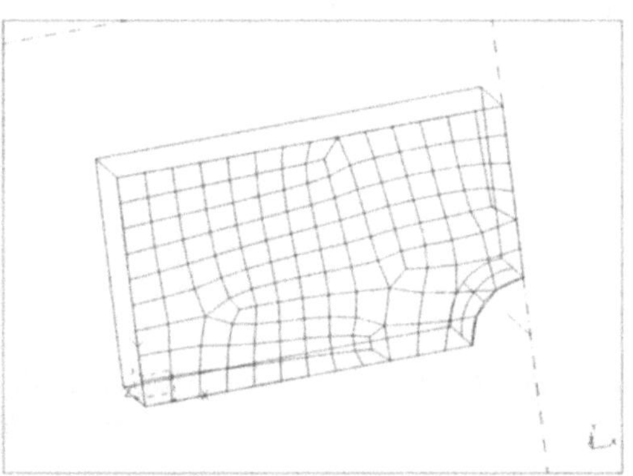

Bild 4.4 Automatisch erzeugtes FE-Netz

4.3 Erzeugung der Randbedingungen

Wir wollen mit dieser Berechnung auch zeigen, daß die Symmetrie eines Bauteils dazu benutzt werden kann ein reduziertes Berechnungsmodell zu erstellen, welches geringere Berechnungszeiten (und damit Kosten) aufweist. Aus diesem Grund wurde nur ein Viertelmodell des Flachstabes erzeugt.

Mit Hilfe der Randbedingungen erzwingen wir nun, daß die Knoten auf der unteren Kante des geometrischen Modells nur horizontal (in X-Richtung) und die Knoten auf der rechten Kante (in Y-Richtung) nur vertikal beweglich sind:

Task
  Boundary Conditions

 **4b**

Create
  Restraint...

Pick Nodes/Vertices/Edges/Surfaces   **<picken Sie die untere**
                                                    Kante (Edge)>

Pick Nodes/Vertices/Edges/Surfaces (Done)   **<Return>**

Displacement Restraint on Edge	
X translation	**<„free" einstellen; alle anderen Einträge auf „contant" und „0">**
OK	

Damit wurde die untere Kante mit Randbedingungen belegt. Nun folgt die gleiche Verfahrensweise für die rechte Kante:

 **4b**

Create
  Restraint...

Pick Nodes/Vertices/Edges/Surfaces   **<picken Sie die rechte**
                                                    Kante (Edge)>

Pick Nodes/Vertices/Edges/Surfaces (Done)   **<Return>**

Displacement Restraint on Edge	
Y translation	**<„free" einstellen; alle anderen Einträge auf „contant" und „0">**
OK	

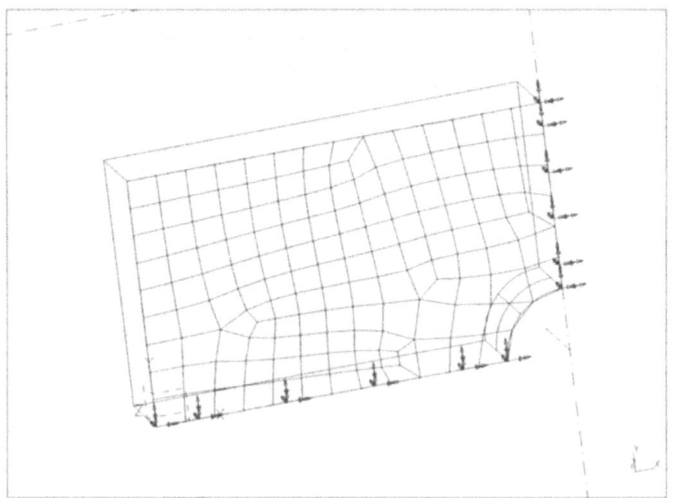

Bild 4.5 Randbedingungen

Damit sind die Randbedingungen erzeugt (siehe Bild 4.5).

4.4 Erzeugung der Lasten
Unser Ziel ist es in dieser Aufgabe mehrere Lastfälle (entsprechend der Teilaufgabe a bis d) **in einem** Rechenlauf zu berechnen. Dies ist besonders effektiv, da die Dreieckszerlegung der Gesamtsteifigkeitsmatrix dabei nur einmal durchgeführt zu werden braucht.

Wir erzeugen für die Teilaufgabe a eine Punktlast (Kraft an einem Knoten), die automatisch dem „LOAD SET1" zugeordnet wird:

Create
     Force...

       Pick entities   **<picken Sie einen Knoten in der Mitte der linken Kante des Modells an>**

       Pick entities (Done)   **<Return>**

Force on Node	
X Force	<-1e8/2>
OK	

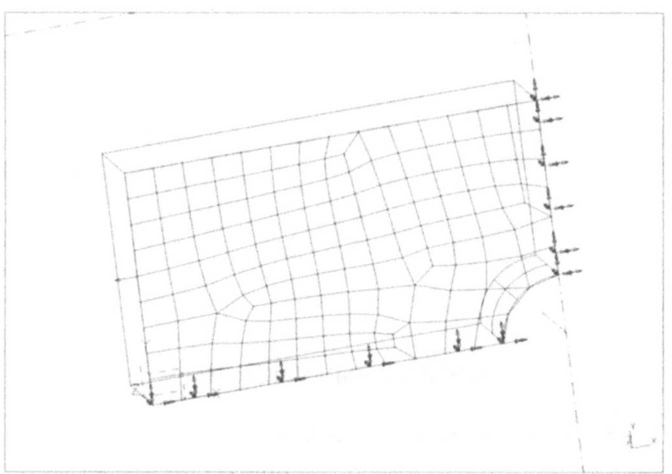

Bild 4.6 Lastfall a - Konzentrierter Lastangriff

Für die weiteren Belastungsvarianten muß jeweils ein eigenes Load Set geschaffen werden. Neben der Belastung aus Teilaufgabe a, in der die gesamte Last an einem Knoten eingeleitet wird, sollen noch folgende Varianten untersucht werden:

- gleichmäßige Verteilung der Kraft auf alle Knoten der linken Berandung (Teilaufgabe b)

- Verteilung der Kraft auf alle Knoten der linken Berandung, wobei allerdings die Eckknoten nur eine reduzierte Kraftkomponente erhalten (Teilaufgabe c). Die Gesamtsumme der Kräfte muß jedoch wieder 50 kN ergeben

- Zuweisung der Kraft an die geometrische Kante, die den entsprechenden Knoten assoziiert ist (Teilaufgabe d)

Für jede dieser Varianten benötigen wir ein sogenanntes „Load Set". Wir wollen diese Load Sets „Last2", „Last3" und „Last4" nennen:

7b

Sets...

Set Management	
Type Load	<aktivieren>
Set	<? anklicken>

Set	
Selections	<neuer Name „Last2" eingeben>
Ok	

Set Management	
Create	<anklicken>
Dismiss	

Führen Sie diese Schritte noch zweimal durch und erzeugen Sie damit die Load Sets „Last3" und „Last4". Wir wollen nun die Last nach Teilaufgabe b erzeugen. Hierzu erklären wir das Load Set mit Namen „Last2" zum aktuellen (current) Load Set:

7b

Sets...

Set Management	
Type Load	<aktivieren>
Set	<? anklicken>

Set	
Last2	<anwählen>
OK	

Set Management	
Make Current	<anklicken>
Dismiss	

Wir erzeugen nun die zu diesem Load Set gehörenden Kräfte:

2a

Create
    Force...

Pick entities   **<picken Sie alle Knoten
auf der linken Kante des
Modells an>**

Pick entities (Done)   **<Return>**

Force on Node	
X Force	**<-1e7/2>**
OK	

Es wird eine Kraft von $0{,}5*10^7$ Newton auf jeweils einen Knoten aufgebracht, wenn insgesamt zehn Knoten auf der linken Kante generiert wurden. Erklären Sie nun das Load Set „Last3" zum aktuellen (current) Load Set und verteilen Sie die Last entsprechend der Teilaufgabe c auf die Knoten (vergleiche Bild 4.8).

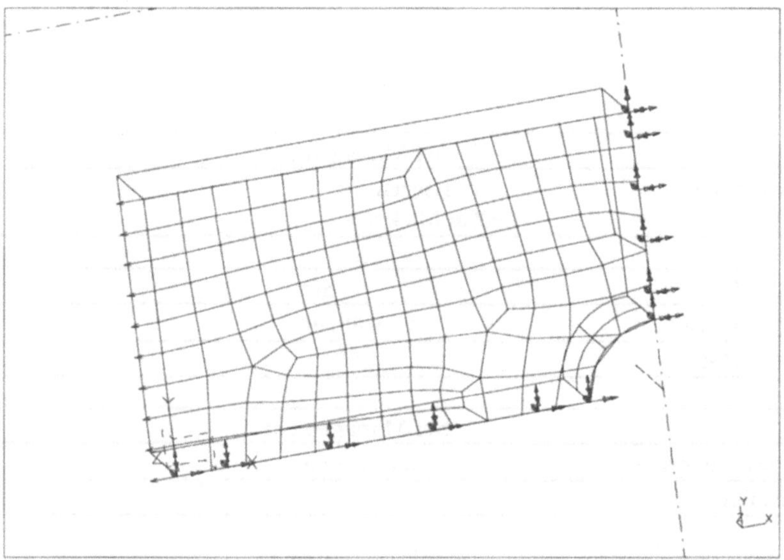

Bild 4.7 Lastfall b - Gleichmäßiger Lastangriff

Anschließend können Sie das Load Set „Last4" zum aktuellen Load Set erlären und geben die Kraft geometriebezogen auf die linke Kante (Edge) des Volumenmodells auf. Auch hierzu eignet sich das Kommando **Create Force....** Beachten Sie, daß bei der Eingabe der Kraft auf eine geometrische Kante die **Gesamtkraft (Total Force)** eingegeben werden muß!

2a

Create
     Force...

Pick entities	<mit der rechten Maustaste das Untermenue FILTER... Auswählen und „Edge... Pick only" aktivieren, Anschließend die Kante (Edge) anwählen>
Pick entities (Done)	<Return>
Pick surface to set direction of forces on edge	<Vorderfläche anklicken>

Force on Edge	
Total Force	<aktivieren>
In Plane Force	<-1e8/2>
OK	

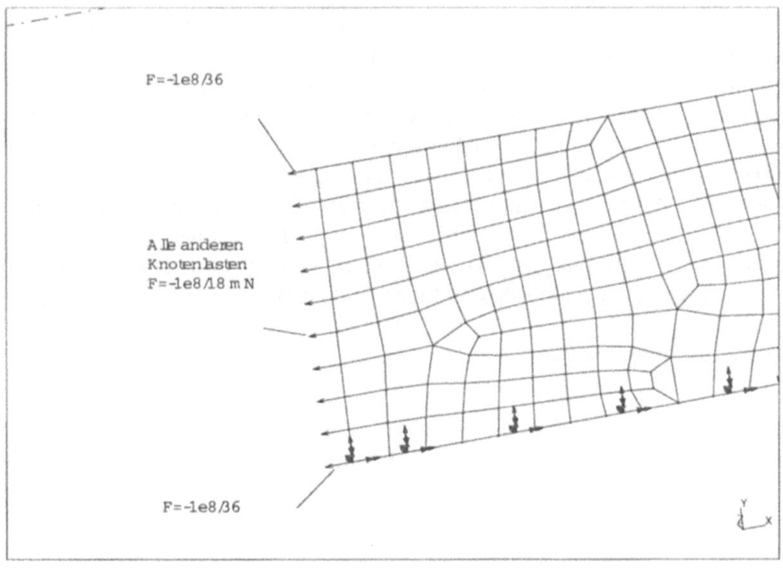

Bild 4.8 Lastfall c - Ungleichmäßiger Lastangriff

Damit ist die Last für den vierten Lastfall (Teilaufgabe d) erzeugt.

Führen Sie nun eine Berechnung durch. Zuvor muß jedoch noch ein Boundary Condition Set erzeugt werden, das alle vier Lastfälle enthält. Wählen Sie die vier Lastfälle im Feld **Load Sets** der Form **Boundary Condition Set Management** an, in dem Sie die Shift-Taste gedrückt halten. Damit werden alle Lastfälle für die folgende Berechnung aktiviert:

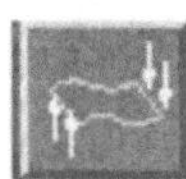

6a

Boundary Condition...

Boundary Condition Set Management	
Restraint Set	**<aktivieren>**
Load Sets	**<Alle Load Sets anklicken und dabei die Shift-Taste gedrückt halten>**
OK	

4.5 Erzeugung eines verfeinerten FE-Netzes

In den oben betrachteten Teilaufgaben a) bis d) wurde ein FE-Netz mit einer mittleren Elementlänge von 7 Millimetern verwendet. Diese Einstellung führt dazu, daß im Kerbbereich lediglich drei Elemente bzw. Elementkanten entstehen. Es entsteht die Vermutung, daß dieses FE-Netz zu grob ist bzw. zu wenige Knoten enthält, um ein korrektes Ergebnis insbesondere im Hinblick auf die Spannungen am Kerb zu erzielen. Diese Problematik ist als **Konvergenzproblem** bekannt. Wir erzeugen aus diesem Grund nun ein zweites FE-Netz mit dem Namen „FE-Netz2". Wir können dabei entsprechend den Abschnitten 4.2, 4.3 und 4.4 vorgehen. Die einzige Änderung, die wir einbringen, ist eine verringerte mittlere Elementlänge von **3,5 mm** statt 7mm. Dies führt zu einem wesentlich feineren Netz. Im Kerbbereich liegen damit 7 statt 3 Elemente. Wenn wir die gleichen Randbedingungen und Lasteinleitungen wie in Teilaufgabe d) verwenden, erzielen wir einen deutlich höheren Spannungswert am Kerb, der praktisch dem theoretischen Wert der Spannung entspricht.

Damit ist die vierte Übung beendet.

ÜBUNG 5 / ROTIERENDE KREISSCHEIBE MIT INNENBOHRUNG

Zielsetzung: In dieser Übung sollen Sie lernen, wie eine Kreisscheibe mit einem schmalen Sektorausschnitt mit Hilfe der Skizzentechnik modelliert werden kann. Die nachfolgende Festigkeitsberechnung zeigt eine Vernetzung mit einem **mapped mesh**, erläutert die Elementverbesserung der verwendeten Viereckschalenelemente durch **biasing** und erzeugt die notwendigen Randbedingungen für die Rotationssymmetrie durch Verwendung von **benutzerdefinierten Koordinatensystemen**. In einer weiteren Aufgabe lernen Sie dann, anstelle der bisher mehrfach verwendeten Scheiben- bzw. Schalenelemente **Rotationselemente** (axisymetric elements) einzusetzen. Diese Elemente können sehr rationell auch bei vielen anderen rotationssymmetrischen Bauteilen verwendet werden.

Aufgabenstellung: Für den in **Bild 5.1** dargestellten Scheibensektor einer Scheibe mit zentraler Bohrung und einer gleichmäßigen Scheibendicke von 10 mm soll eine FE-Analyse durchgeführt werden. Skizzieren Sie nur den 6° Sektor der Scheibe. Nutzen Sie zur Netzerzeugung den „geordneten Netzgenerator" (Mapped Meshing). Be-rechnen Sie die **radiale Aufweitung** sowie **Radial-, Tangential- und Vergleichsspannungsverläufe** abhängig vom Radius. Der Scheibenwerkstoff ist Stahl, die Drehzahl soll 12000 U/min betragen.

Vergleichen Sie die Ergebnisse der beiden Berechnungsvarianten untereinander und mit der **analytischen Lösung!**

$$\sigma_r(r) = \frac{3+\nu}{8}\,\rho\,\omega^2\,r_a^2(1 + r_i^2/r_a^2 - r_i^2/r^2 - r^2/r_a^2)$$

$$\sigma_t(r) = \frac{3+\nu}{8}\,\rho\,\omega^2\,r_a^2(1 + r_i^2/r_a^2 + r_i^2/r^2 - \frac{1+3\nu}{3+\nu}\,r^2/r_a^2)$$

LÖSUNG / ÜBUNG 5

5.1 Erstellung eines CAD-Teilemodells (Parts)
Legen Sie eine Modelldatei, z.B. mit dem Namen „Uebung 5" an.

In dieser Übung wollen wir zunächst wieder zeigen, wie die Geometrie, die in dem Task „Master Modeler" erzeugt werden kann, zur FE-Modellerstellung nutzbar ist. Wir wechseln deshalb zunächst in den Master Modeling Task, um die Geometrie des Scheibensektors zu erzeugen.

Task

Master Modeler

Im ersten Schritt erzeugen wir die Konstruktionsgeometrie des Sektors, der einen Öffnungswinkel von 6° haben soll und symmetrisch zur y-Achse liegt. Der Öffnungswinkel und die Lage sind eigentlich beliebig.

Modellerstellung:

1. Linie:

   **2a**

Create
        Line
                Single Line

                Locate Start   **< mit der rechten Maustaste das**
                                                  verdeckte Menue aufklappen
                                                  und OPTIONS... wählen >

Line Creation Options	
Start	**< für x und y jeweils 0 eingeben >**
Angle	**<Winkel 87 ° >**
Length	**<Länge 200 >**
Apply	

2. Linie wie oben, jedoch unter Winkel 93 °

**Kreisbogen mit Mittelpunkt und von Endpunkt zu Endpunkt der Linien mit 200 mm
Radius** (Fangfunktionen nutzen)

 **2b**

Create
        Arc
                Center Start End

                        Locate Center   **< Center picken >**
                        Locate Start   **< Startpunkt desBogens picken >**
                        Locate End   **< Endpunkt des Bogens picken >**

Vollkreis mit 100 mm Radius erzeugen (Mittelpunkt fangen, Radius über Options)

 **2b**

Create
        Circle
                Center Edge

Locate Center   **<Mittelpunkt picken >**

Locate Point on Edge   **<mit der rechten Maustaste das
                                                     verdeckte Menue aufklappen
                                                     und OPTIONS... wählen>**

Circle by Center and Edge Options	
Radius	**<100>**
OK	

Die Skizze aus zwei Strahlen, einem Kreisbogen außen und dem Vollkreis innen ist erzeugt.

In den nächsten Schritten wird durch Extrudieren der Sektor als Volumenmodell erzeugt. Das zu extrudierende Profil wird während des Befehls festgelegt.

5a

Create
    Extrude

Pick curve ore section   **< Rechte Maustaste
                                                     Section Options... wählen>**

Section Options	
Planar sections only	< aktivieren >
Autochain	< deaktivieren >
Stop at intersections	< aktivieren >
OK	

Pick Curve ore section   < Kurventeile der Reihe nach picken >
                                                     < Done >

Extrude Section	
Distance <10 mm >	
Flip Directions (in minus Z-Richtung)	
New part	
OK	

Der Sektor ist als Volumenmodell erzeugt.

Dieses CAD-Teilemodell (Part) erhält abschließend den Namen „Sektor".

10b

Manage
> **Name...**

Pick part to name   **< picken Sie das Volumenmodell >**

Name
Name   < „Sektor" eingeben >
OK

Damit ist die Geometrieerstellung abgeschlossen.

5.2 Erzeugung des FE-Netzes mit dem Netzgenerator

Um ein FE-Netz zu erstellen, erzeugen wir ein FE-Modell mit dem Namen „FE-Sektor1" im
Meshing Task:

Tasks
> **Meshing**

10b

Manage
> **Create FE Model...**

FE Model Create
Get...   < anklicken >

Part or Assembly
(Falls Sektor nicht bereits voreingestellt
Get...   < anklicken >
Sektor   < anklicken >
OK

FE Model Create
FE Model Name   < „FE-Sektor" eingeben >
OK

Wir wollen nun ein FE-Netz aus Schalenelementen (Thin Shell) auf der Vorderfläche des Volumens erzeugen. Hierzu werden die Eigenschaften dieses Netzes definiert:

1a

Define
     Shell Mesh...

    Pick Surfaces   < picken Sie die zu vernetzende Fläche des Körpers, **F1** >
                                 < **Done** >

Define Mesh	
Mesh Type mapped	< aktivieren >
Element Family	< **Thin Shell** >
Element Type	< **Vierknotenelement** anwählen >
Mapped Options	< picken >
Mapped Meshing Options	
Define Elements/side	< **17** für radiale Seite und **1** für Kreisbogenseite >
	< **Done** >
Define Biasing	< **End** picken >
Pick Edges	< beide Radialkanten picken >
Pick Edges	< **Done** >
Pick starting end	< inneres Ende der Kante picken >
Enter Bias	< **3** > **Continue, Yes**
Pick starting end	< inneres Ende der Kante picken >
Enter Bias	< **3** > **Continue, Yes**
Dismiss	
OK	

Erläuterung:
Bias ist der Begriff für eine gezielte Ungleichverteilung der Knoten über eine Kante. Die Arbeitsfolge ist das Auswählen der Kante, Angabe des Biaspunktes (möglich sind die beiden Endpunkte und der Mittelpunkt) und die Angabe des Biasfaktors, hier 3. Der Faktor 3 besagt, daß die kleinste Elementlänge am Biaspunkt liegt und um diesen Faktor kleiner ist als die größte Elementlänge. Die Elementlängen nehmen vom Kleinstwert zum Größtwert stetig zu. Anhand der dargestellten Knoten kann man sich das Elementnetz bereits vorstellen. Gegebenenfalls wählt man bereits jetzt neue Einstellwerte.
Ansonsten erfolgt die Netzgenerierung:

Preview
  Modify Mesh Preview

  Pick Volumes, ..,Surfaces,..   < picken Sie die zu vernetzende Fläche >

  Pick Surfaces (Done)   **< Return >**

  Keep mesh   Vorsicht! Fortsetzen nur bei sinnvollem Netzaufbau, ansonsten
  Cancel Mesh wählen

Beurteilen Sie an dieser Stelle das Netz, das in Bild 5.1 gezeigt ist. Zielvorstellung ist, daß
alle Elemente jeweils in sich gleiche Seitenverhältnisse erhalten. Für Trapeze, wie sie hier
entstehen, heißt das, daß die mittlere Länge in Umfangsrichtung des Sektors etwa auch die
radiale Länge sein soll.
Ändern Sie nun die verfügbaren Mapped Options und Biasing Parameter so, daß das Ziel
erreicht wird.
Mit den bisherigen Einstellungen erhalten Sie entsprechend Bild 5.1 ein schlechtes Netz.
(Seitenverhältnisse). Akzeptieren Sie erst ein brauchbares Netz, ansonsten Abbruch über
Cancel

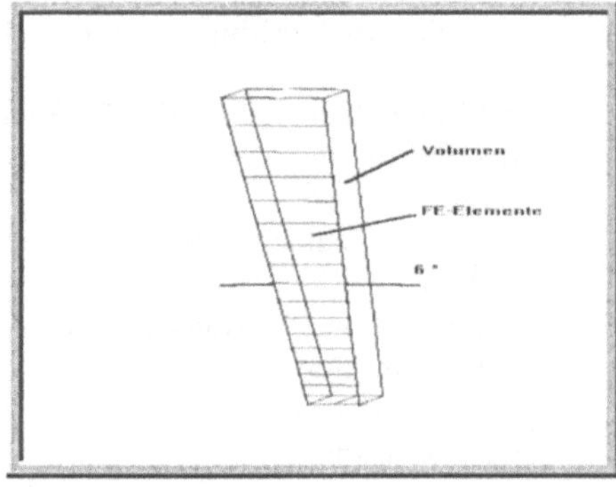

Bild 5.1 Volumenmodell „Scheibensektor" mit Elementen aus mapped meshing

Schließlich muß noch die Dicke der Schalenelemente festgelegt werden. Da die Elementdicke
Teil der Tabelle der physikalischen Eigenschaften ist, modifizieren wir diese Tabelle über den
Befehl:

Physical Properties
            Modify

            Enter physical. prop. name or no **(Directory)**
            < Directory picken >
            .Enter physical. prop. name or no
                < THIN SHELL1 picken **>**
                    Enter prop. name or no
                    < Directory picken **>**
                    Enter prop. name or no
                    < TK THICKNESS[4V] picken **>**

Enter 1st value for thickness(1.0):   < 10 >
Enter 2nd value for thickness(0.0):   < 10 >
Enter 3rd value for thickness(0.0):   < 10 >
Enter 4th value for thickness(0.0):   < 10 >
Enter prop. name or no
< Done >
Ok to modify physical prop. table? < Yes >

5.3 Erzeugung rotationssymmetrischer Randbedingungen

Die vollkommene Rotationssymmetrie der Scheibe ermöglicht die Wahl eines Sektors mit beliebigem Zentriwinkels. Anstelle der gewählten 6° Sektoröffnung wäre jeder andere Öffnungswinkel ebenfalls möglich.

Nachträglich wird klar, daß die Wahl des Öffnungswinkels bereits die radiale Teilung vorgibt, wenn Elemente mit einem Seitenverhältnis von ca. 1 angestrebt werden.
Die nun vorzugebenden Randbedingungen müssen so gewählt werden, daß alle Knotenpunkte nur Verschiebungen entlang ihres Radialstrahls erfahren. Diese Aussage ist identisch mit Rotationssymmetrie.
Im folgenden wird ein Verfahren benutzt, den Knoten eigene Verschiebungskoordinatensysteme zuzuordnen. Diese Vorgehensweise bietet auch bei anderen Berechnungsaufgaben die Möglichkeit, Randbedingungen in beliebigen Richtungen zu formulieren. Das Verfahren besteht darin, die benötigten Koordinatensysteme zu erzeugen und sie dann den Knoten zuzuordnen.

Im vorliegenden Fall wird mit zwei kartesischen Koordinatensystemen gearbeitet. Eine Achse muß sinnvollerweise in Richtung einer Sektorkante gerichtet sein, eine andere Richtung steht senkrecht zur Sektorschnittfläche. Einfach vorstellbar sind in diesem Fall Koordinatensysteme, die um die z-Achse um 3° positiv bzw. negativ gedreht sind. Der modellierte Sektor liegt dabei in der x-y-Ebene.

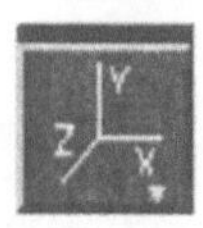
6c

Global
      Coordinate System
           Create

Pick entity for coordinate system to reference
        < **z.B. CS1 Global - Koordinatensystem** wählen >
Select component to define
          <Origin >
Pick origin definition
        < Geometriepunkt für Ursprung picken, z. B. radialer Strahl rechts innen >
Select component to define
          <Y-axis >
Pick Y axis definition
MR (Maustaste rechts)   **Point to Point** (zwei Punkte auf Radialstrahl picken)

Das Koordinatensystem für die linke Seite soll nun nach ähnlichem Verfahren, aber
mit anderer Definition (schnittflächenbezogen) erstellt werden.

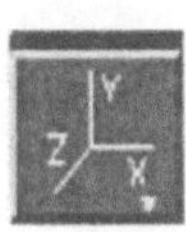

6c

Global
  Coordinate System
   Create

Pick entity for coordinate system to reference
   < linke Schnittfläche des Sektors picken >
Select component to define
   <Origin >
Pick origin definition
   < Geometriepunkt für Ursprung picken, z. B. radialer Strahl links innen >
Select component to define
   <Y-axis >
Pick Y axis definition
MR (Maustaste rechts) **Point to Point** (zwei Punkte auf Radialstrahl picken)
Is this direction OK? **Yes**
Select component to define
   <Z-axis >
Pick 1st point
MR (Maustaste rechts) **Change Method**
Pick Z axis definition
MR (Maustaste rechts) **Heading**
Enter starting axis
   <Z-axis >
Enter angle **< Done >**
Is this direction OK? **Yes**

Die beiden erzeugten Koordinatensysteme müssen nun mit ihrer y-Achse in radiale Richtung
zeigen, die z-Achsen zeigen beide in Richtung der globalen z-Achse.

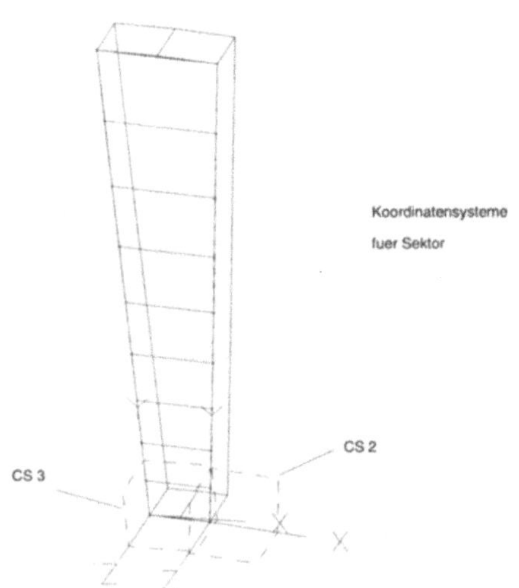

Bild 5.2 Verschiebungskoordinatensysteme für den Sektor

Die Knoten „wissen" noch nichts von einer Zuordnung zu den neuen Koordinatensystemen. Die erzeugten Koordinatensysteme müssen jeweils noch mit den zugehörigen Knoten zusammengebracht werden. Alle Knoten gehören zur Zeit noch zum globalen Koordinatensystem CS1. Diese Eigenschaft der Knoten, zum CS1-System zu gehören, werden wir nun ändern.

Node
> **Modify**

Pick nodes	< Knoten auswählen mit geeignetem Verfahren, hier z.B. rechte Maustaste **Related to** >
Pick entities related to	< rechte Kante picken, da alle Knoten dieser Kante betroffen sind >
	< **Done** >
Select node attribute to modify	< **Displacement Coordinate System** >
Pick Coordinate_System	< rechtes Koordinatensystem picken >
Ok to modify n nodes ?	< **Yes** >

Die gleiche Prozedur soll für die linke Seite unter Verwendung des Befehls **Group** durchgeführt werden.

Die Schritte sind:
> - die linken Randknoten zu einer Gruppe zusammenfassen

- die Knoteneigenschaften für die erzeugte Knotengruppe verändern.

Group
    Create

    Pick entities
    MR   **Related to**
    Select *resultant entity type*
    < **Node** picken >,
    Pick entities related to Node
    < Kante picken, auf der die Knoten liegen >
    < **Done** >
    < **Done** >
    Enter PERMANENT GROUP name or no
    < z.B.den Namen „**knotenlinks**" eintippen >

Die Knoten des linken Radialstrahls sind damit in der Gruppe 'knotenlinks' zusammengefaßt. Ein direktes Picken der Knoten oder eine andere Auswahlmethode ist natürlich auch möglich.

Nun werden die Richtungseigenschaften der Knoten am linken Rand geändert:

Node
    Modify

        Pick nodes   < Knoten auswählen mit **Group**-Verfahren >
        RMT,   **Use group ->**

        Im Auswahlmenue **Use Groups**
        < **knotenlinks** > picken
        Wenn Highlight Schalter an, werden die Knoten aufgeblendet
        < **Dismiss** > picken
        Pick nodes   < **Done** >
        Select node attribute to modify   < **Displacement Coordinate System** >
        Pick Coordinate_System   < linkes Koordinatensystem picken >
        Ok to modify n nodes ?   < **Yes** >

5.4 Randbedingungen

Task
   Boundary Conditions

Erzeugung der Lagerbedingungen

Durch die Einführung der beiden Koordinatensysteme in Radialrichtung können die Randbedingungen besonders einfach eingegeben werden. Für alle Randknoten ist die x-Verschiebung gleich Null.
Achtung: Richtiges Koordinatensystem für jeden Rand wurde gerade zugeordnet. Die Richtungspfeile der **Restraints** müssen nach den nächsten Befehlen in Richtung der Randkoordinatensysteme zeigen. Es soll z. B. mit dem rechten Rand begonnen werden.

Create
   Restraint

Pick entities	< Knoten auswählen, Auswahl über Fenster, zuvor Filter setzen >
RMT oder F11	**Filter...**

Selection Filter	
Node	< picken >
Pick Only	< picken >

Pick entities	< Knoten über Fenster auswählen >
Pick entities	**< Done >**

Displacement Restraint on Node
Slider
Y-Richtung
OK

Das gleiche Verfahren wird an der anderen Seite angewandt. Treffen Sie hier sinnvollerweise die Auswahl der Knoten über Gruppe „knotenlinks". Das Ergebnis ist im nächsten Bild 5.3 dargestellt.

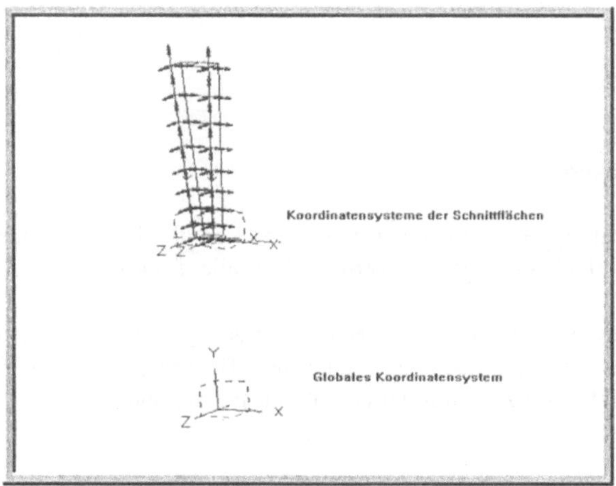

Bild 5.3 Randbedingungen für den Sektor

5.4 Erzeugung der Lasten

Eingabe der Rotationsbewegung als Fliehkraftbelastung:

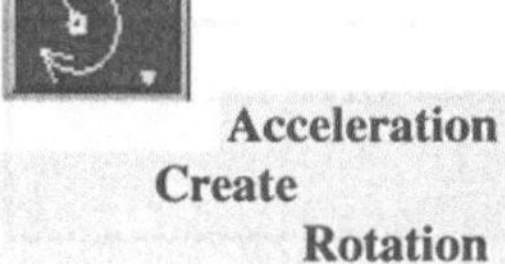

[OK to create LOAD SET 1 ?] < OK >

Diese Meldung erscheint, weil bisher keine Belastungsset definiert war.

Is angular velocity null	< **No** >.. Fragestellung beachten
Pick angular velocity vector	< **Z-Achse** >,
Is this direction OK?	< **Yes** >(direction bedeutet Rechts- oder Linksdrehung, Wahl treffen, hier ohne

Bedeutung)

Enter vector magnitude	< **200** >-Achtung Drehzahl in Umdrehungen /sec
Is angular acceleration null:	< **Yes** > (Winkelbeschleunigung ist hier null)
Pick center of rotation	< **globalen Nullpunkt** (Scheibenmittelpunkt) picken >

Damit sind die Randbedingungen und die Belastung erzeugt.

5.5 Lösungsverfahren
Als Lösungsverfahren wird wie bisher die Statik verwendet, da die Fliehkraftbelastung durch Rotation zu einem quasistatischen Spannungszustand führt. Hiermit ist die fünfte Übung beendet.

ÜBUNG 6 / ROTIERENDE KREISSCHEIBE MIT INNENBOHRUNG (AXISYMMETRISCHE ELEMENTE)

Zielsetzung: In diesem zweiten Teil der Übung sollen Sie lernen, wie vollkommen rotationssymmetrische Bauteile (Rotationsschalen ohne Störungen durch Bohrungen, Rippen, etc.) sehr einfach berechenbar sind. Es werden dazu Rotationselemente (axisymetric-elements) eingesetzt. Durchgeführt wird hier noch einmal die Berechnung der Kreisscheibe aus Übungsteil A. Weiterhin lernen Sie in diesem zweiten Aufgabenteil, über die Variation einer Skizze sehr schnell verwandte Scheibenformen zu erzeugen.

Aufgabenstellung: Für eine Scheibe mit zentraler Bohrung und einer linearen Variation der Scheibendicke von innen nach außen soll eine Skizze des Querschnitts erstellt werden. Dieser Querschnit ist zur späteren Variation zu bemaßen. Die Variation ist für das Beispiel so einzustellen, daß als Vergleich zu Übung 5 sich eine ebene Kreisscheibe mit 10 mm Dicke ergibt.
Der Scheibenwerkstoff ist wieder Stahl, die Drehzahl soll 200 Umdrehungen / Sekunde betragen.
Berechnen Sie die **radiale Aufweitung** sowie **Radial-, Tangential- und Vergleichs-spannungsverläufe** abhängig vom Radius.

Vergleichen Sie nun alle Ergebnisse untereinander und mit der **analytischen Lösung!**

$$\sigma_r(r) = \frac{3+\nu}{8} \rho\, \omega^2 r_a^2 (1 + r_i^2/r_a^2 - r_i^2/r^2 - r^2/r_a^2)$$

$$\sigma_t(r) = \frac{3+\nu}{8} \rho\, \omega^2 r_a^2 (1 + r_i^2/r_a^2 + r_i^2/r^2 - \frac{1+3\nu}{3+\nu} r^2/r_a^2)$$

LÖSUNG / ÜBUNG 6

6.1 Erstellung eines CAD-Teilemodells (Parts)
Legen Sie eine Modelldatei mit dem Namen „Uebung6" an.

In dieser Übung wollen wir zeigen, wie eine einfache variable Geometrie in dem Task „Master Modeler" erzeugt werden kann.. Wir wechseln deshalb zunächst in den Master Modeling Task, um die Geometrie des Scheibenquerschnitts zu erzeugen.

Wichtiger Hinweis: Axisymmetrische Elemente beschreiben den Querschnitt von Rotationskörpern. Die Elemente selbst muß man sich wie Ringe vorstellen. Eigentlich sind axisymmetrische Elemente Volumenelemente. Ihre Formbeschreibung geschieht aber nur über ihren Querschnitt und ist dementsprechend zweidimensional. Der Elementquerschnitt muß in der x-z-Ebene beschrieben werden und es dürfen keine negativen x-Koordinaten auftreten!
(Der Querschnitt liegt bei Aufsicht auf die x-z-Ebene rechts der z-Achse)

Wenn der Elementquerschnitt beschrieben ist, ist das Element geometrisch vollkommen festgelegt. Nur der Werkstoff ist noch festzulegen.

Task
> **Master Modeler**

Im ersten Schritt erzeugen wir die Konstruktionsgeometrie des Querschnitts. Weil beliebige Scheiben und Schalen mit linearer Dickenverteilung als Variation erzeugt werden sollen, ist ein trapezförmiger Querschnitt auf der x-z-Ebene zu skizzieren. Die gewünschten Maße werden später durch Modifikation erzielt. Die z-Achse wird Rotationsachse.

6.2 Modellerstellung:
Die Skizzenerstellung wird nicht mehr im Detail beschrieben, sondern nur der Ablauf aufgezeigt. Details und Arbeitstechnik siehe Übungen 4 und 5.

1a

Workplane
> **Attach**

Global/Local Switch Off (falls kein Koordinatensystem sichtbar ist)
< z-x-Ebene des lokalen CS2-Koordinatensystems picken > , um auf dieser Ebene zu skizzieren.

Die folgenden Schritte werden nur aufgelistet, da die Befehlseingabe aus den vorigen Übungen bekannt ist.

Linie auf der z-Achse erzeugen
Diese Linie wird als Drehachse verwendet. Ihre Lage und Länge ist beliebig. Anbringen von geometrischen Randbedingungen (sogenannte **constraints**), soweit diese nicht schon automatisch erzeugt wurden.

Constrain and Dimension

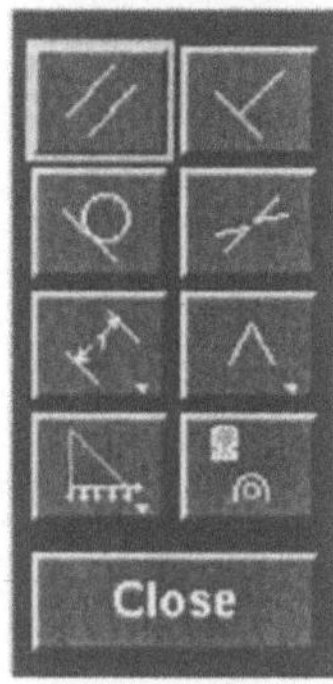

Constrain Menue
> **Anchor (3. Reihe, 2. Spalte)**
> *<Pick a Point or Curve>*
> **Mittellinie oder Mittelinienpunkt picken**

Linienzug für Trapez erzeugen

Es sollen zwei freie Linien, innen und außen parallel zur z-Achse skizziert werden. Die Verbindungslinien vom Innen- zum Außenradius sollen geneigt gezeichnet werden (siehe Bild 6.1). Anschließend ist die Bemaßung anzubringen

Annotate
> **Linear Dimension**

> *Pick Vertices/Linear Edges/Planar face* :
> Zum Anbringen von Längenbemaßung jeweils das erste und das zweite
> Element für den Maßabstand und dann die Maßzahlposition picken.

Annotate
> **Angular Dimension**

> *Pick Vertices/Linear Edges/Planar face*
> Zum Anbringen von Winkelbemaßung jeweils das erste und das zweite
> Element für das Winkelmaß und dann die Maßzahlposition picken.

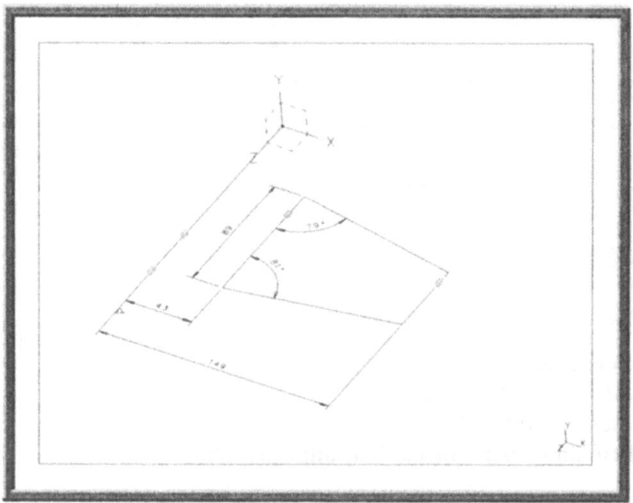

Bild 6.1 Trapez für Rotationselemente

Durch Variation der Maße wird die spezielle Geometrie erzeugt, nämlich der einfache Fall einer Scheibe konstanter Dicke aus Übung 5.

Grundsätzlich wäre es hier sehr viel einfacher gewesen, sofort zu Beginn ein Rechteck zu skizzieren und daraus die gewünschte Geometrie entsprechend Übung 5 herzustellen. Mit dem in dieser Aufgabe gewählten Verfahren lassen sich durch Variantenbildung auch Rotationsscheiben mit trapezförmigem Querschnitt modellieren. Die Durchführung einer Berechnung für eine trapezförmige Scheibe wird im Rahmen des Skriptes nicht durchgeführt, jedoch zur eigenen Übung empfohlen.

Im nächsten Schritt wird durch Rotieren aus dem Querschnitt ein Volumenmodell erzeugt. Da später nur die Querschnittfläche zur Berechnung nötig ist, genügt zur Darstellung wieder ein Sektor mit beliebigem Winkel. z.B. kann eine Viertelscheibe gewählt werden.

Create
    Revolve

        Pick curve or section   rechte Maustaste
                                   Menue OPTIONS... wählen

Section Options	
Planar sections only	< aktivieren >
Autochain	< aktivieren >
Stop at intersections	< deaktivieren >
OK	

Pick curve or section	< Kontur picken >
Pick curve to add or remove	< Done >
Pick axis to revolve about	<Drehachse picken >

Revolve Section	
Angle	**< 90 >**
Flip Direction	**< picken >**
New part	**< aktivieren >**
OK	

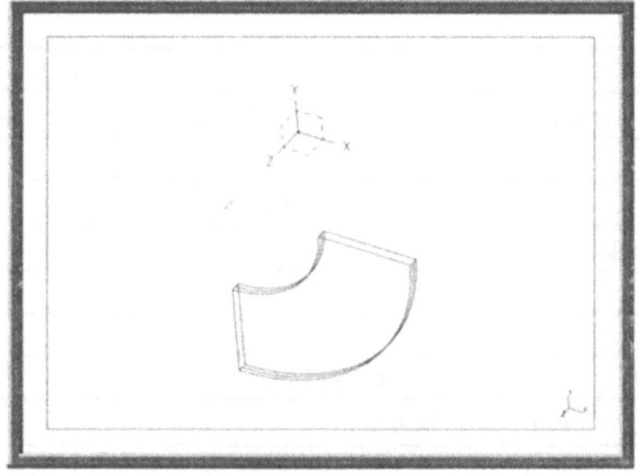

Bild 6.2   3D-Viertelkreisscheibe

Der Scheibensektor ist nun als Volumen erzeugt. Dieses CAD-Teilemodell (Part) erhält abschließend den Namen ' Viertel '.

Manage
    Name part

| *Pick part to name* | < Scheibensektor picken > |

Name	
Name	**<„Viertel" eingeben >**
OK	

Damit ist die Geometrieerstellung abgeschlossen.

6.3 Erzeugung des FE-Netzes mit dem Netzgenerator

Tasks
>   **Meshing**

Manage
>   **Create FE Model...**

FE Model Create	
Get...	**< picken >** Soweit erforderlich und nicht voreingestellt

Select Parent Part	
Viertel	< aktivieren >
OK	

FE Model Create	
FE Model Name	<„axisym" eingeben >
OK	

Wir wollen nun ein FE-Netz aus axisymmetrischen Elementen auf der Schnittfläche des Volumenmodells, die in der zx-Ebene liegt, erzeugen. Hierzu werden die Eigenschaften dieses Netzes definiert:

Define
>   **Shell Mesh...**

>   *Pick Surfaces*   < picken Sie die zu vernetzende Schnittfläche (zx-Ebene)
>   Körpers >
>   *Pick Surfaces*   < **Done** >

Define Mesh	
Mesh Type free	< aktivieren >
Element Family	< **Axisymmetric Solid** >
Element Type	< **Vierknotenelement anwählen** >
Free Options	-
Element Length	< **10** >
OK	

Preview
      Modify Mesh Priview

    Pick Volumes/ Parts/ Surfaces < picken Sie die zu vernetzende Fläche >
    Pick Volumes/ Parts/ Surfaces **< Done >**
    Keep Mesh   **< picken >**

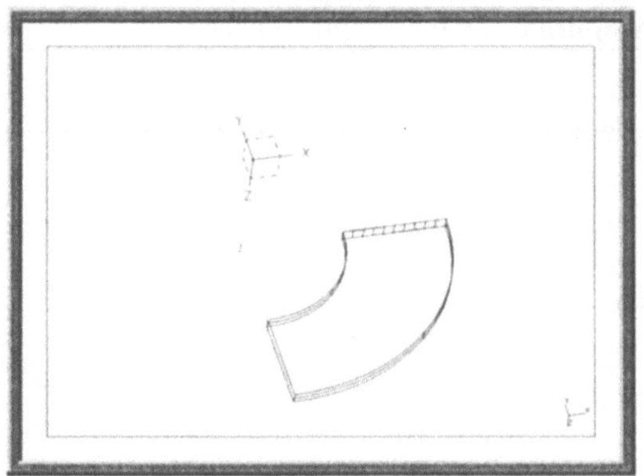

Bild 6.3 Rotationselemente auf der Schnittfläche

In diesem Fall entsteht über 'free meshing' ein geordnetes Netz wie über 'mapped meshing' , weil die einfache Geometrie dies so zuläßt.

6.4 Randbedingungen

Task
  Boundary Conditions

Die axisymmetrischen Elemente sind in sich (in Umfangsrichtung) geschlossen und benötigen keine weiteren Randbedingungen. Lediglich eine sogenannte Festkörperverschiebung des Bauteils in z-Richtung sollte ausgeschlossen werden, indem ein beliebiger Knoten in z-Richtung festgehalten wird.
Die z-Verschiebung dieses Knotens Null setzen über **Create Restraint**!

Create
    Restraint...

      Pick Entities   < einen Knoten auswählen, (Filter benutzen) >
      Pick Entities   < Done >

Displacement Restraint on Node		
Specified	< aktivieren >	
Specify Restraint...	< picken >	
	Specified Restraint on Node	
Z - Translation	**Amplitude = 0.0**	**Type = Fixed**
alles andere	**Amplitude = 0.0**	**Type = Free**
OK		
OK		

6.5 Erzeugung der Lasten

Eingabe der Rotation als Belastung:

Acceleration
      Create
           Rotation

    [**OK to create LOAD SET 1?**]   < OK >
    Diese Meldung erscheint, weil bisher keine Belastung definiert war.

Is angular velocity null   < No >.. Fragestellung beachten !
Pick angular velocity vector   < Z-Achse picken >
Is the direction OK ?   < Yes >
Enter vector magnitude   < 200 > Achtung Drehzahl in $\sec^{-1}$
Is angular acceleration null: < Yes > (Winkelbeschleunigung ist hier **0**)
Pick center of rotation   < globalen Nullpunkt (Scheibenmittelpunkt) picken >

Damit sind die Randbedingungen erzeugt.

6.6 Lösungsverfahren

Erzeugen Sie nach dem Verfahren entsprechend der vorigen Aufgaben ein Lösungsset
(solution set), starten Sie den Solver und werten Sie die Ergebnisse aus. Die Rotation führt zu
einem quasistatischen Spannungszustand. Vergleichen Sie die Ergebnisse mit denjenigen der
Aufgabe 5. Damit ist die sechste Übung beendet.

ÜBUNG 7 / KREISFÖRMIGE PLATTE

Zielsetzung: In dieser Übung sollen Sie lernen, wie eine **Druckbelastung** realisiert wird, um eine druckbelastete Platte zu simulieren. In einer **Temperaturspannungsanalyse** werden die Spannungen untersucht, die sich ergeben, wenn die Platte mit einer bestimmten - durch eine Formel vorgegebene - Temperaturverteilung beaufschlagt wird. Abschließend soll eine **Modalanalyse** (Eigenschwingungsanalyse) für die Platte durchgeführt werden.

Aufgabenstellung: Für eine kreisförmige Platte aus Stahl soll eine FE-Analyse durchgeführt werden. Die Ränder der Platte seien momentenfrei eingespannt. Verwenden Sie Plattenelemente. Der Mittelpunkt der Platte liege bei x=0 und y=0. Die Platte liegt in der XY-Ebene. Untersuchen Sie folgende Berechnungsvarianten:

- die Platte wird durch eine **Druckbelastung** von **5 bar** belastet.

- die Platte wird durch folgende **Temperaturverteilung** belastet (Temperaturen in Grad Kelvin):
$$T(x,y)= 500 * cos(90 * ((x/500)\wedge 2 + (y/500)\wedge 2))$$

- für die Platte soll eine **Modalanalyse (Eigenschwingungsanalyse)** durchgeführt werden. Ermitteln Sie die ersten 5 Eigenfrequenzen und Eigenschwingungsformen. Stellen Sie die Eigenschwingungsformen (Modes) graphisch dar. Erstellen Sie auch einen Trickfilm (bewegte Darstellung, Animation) für diese Eigenformen und diskutieren Sie die Ergebnisse.

<u>Daten der Platte:</u>

Material: Stahl

Außendurchmesser: 1000 mm

Dicke der Platte: 30 mm

LÖSUNG / ÜBUNG 7

7.1 Erstellung eines CAD-Teilemodells (Parts)

Zu Beginn dieser Übung legen wir eine neue Modelldatei mit dem Namen „Uebung7" an.

Bei dieser Übung wollen wir zeigen, wie man Geometrie, die in dem Task Master Modeler erzeugt wird, zur FE-Modellerstellung verwenden kann. Wir wechseln deshalb in diesen Task, um die Kreisplatte zunächst als einfachen Kreis zu definieren. Anschließend wird auf der Basis dieser Berandungskurve (Kreis) eine Fläche (Surface) erzeugt, die dann zur FE-Modellerstellung genutzt werden kann.

Tasks
    Master Modeler

Wir erzeugen einen Kreis:

    3a

Create
    Circle
        Center Edge

        Locate Center   **<klappen Sie das verdeckte Menue mit der rechten Maustaste auf und wählen Sie Options...>**

Circle by Center and Edge Options	
Center	**<für x und y jeweils Null eingeben>**
Radius	**<500>**
OK	

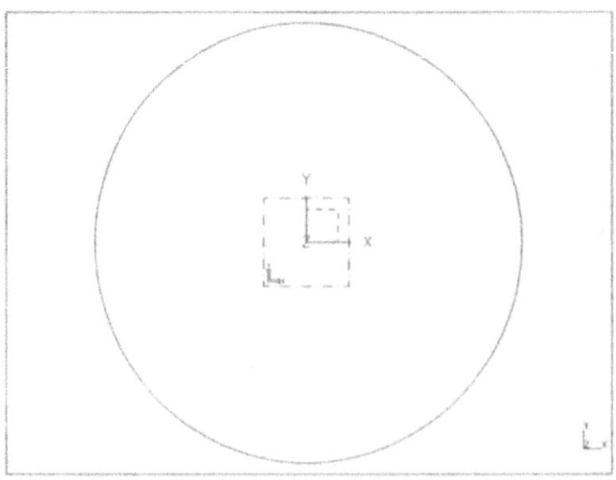

Bild 7.1 Kreiserstellung

Damit wurde der Kreis erzeugt. Anschließend muß eine Fläche (Surface) erzeugt werden, die durch die Berandungskurve, d.h. den Kreis definiert wird:

5a

Surface by boundary

>*Pick boundary definition*   **<picken Sie den Kreis an>**
>
>*Pick boundary definition (Accept)* **<Return>**
>
>*Ok to build surface by boundary (Yes)* **<Return>**

Damit ist die Erstellung des CAD-Teilemodells abgeschlossen. Wir müssen diesem Modell abschließend einen Namen geben und es abspeichern:

10b

Manage
  Putaway...

>*Pick part to put away*   **<picken Sie die Fläche an>**

Put Away	
Name	**<geben Sie „Kreis" als den Partnamen an>**
OK	

Damit ist die Erstellung der CAD-Geometrie abgeschlossen.

7.2 Automatisches Vernetzen der Kreisfläche (Free Meshing)

In diesem Abschnitt verwenden wir den automatischen Netzgenerator, um ein FE-Netz auf der in Abschnitt 7.1 definierten Kreisfäche zu erzeugen. Man spricht vom „Free Meshing". Zuerst wechseln wir in den Meshing Task:

Tasks
  Meshing

Wir erzeugen ein FE-Modell mit dem Namen „Kreisplatte" das dem Part „Kreis" zugeordnet wird:

10b

Manage
    Create...

FE Model Create	
Get...	<anklicken>

Select Parent Part	
Kreis	<aktivieren>
OK	

FE Model Create	
FE Model Name	<„Kreisplatte" eingeben >
OK	

Wir wollen nun auf der definierten Oberfläche (Kreisfläche) ein FE-Netz aus Schalenelementen (Thin Shell) erzeugen:

1a

Define
    Shell Mesh...

Pick Surfaces   **<klicken Sie die Kreisfäche an>**

Pick Surfaces (Done)<Return>

Define Mesh	
Mesh Type	<„Free" aktivieren>
Element Family	<Thin Shell einstellen>
Element Type	<4-Knoten-Element einstellen>
Element Length	<100>
OK	

In dieser Eingabemaske wurde eine mittlere Elementlänge von 100 mm eingestellt. Die Netzerzeugung kann danach begonnen werden:

1c

Generate
Shell Mesh

Pick Surfaces <picken Sie die Kreisfläche an>

Pick Surfaces (Done) **<Return>**

Ok to keep these additions? (Yes) **<Return>**

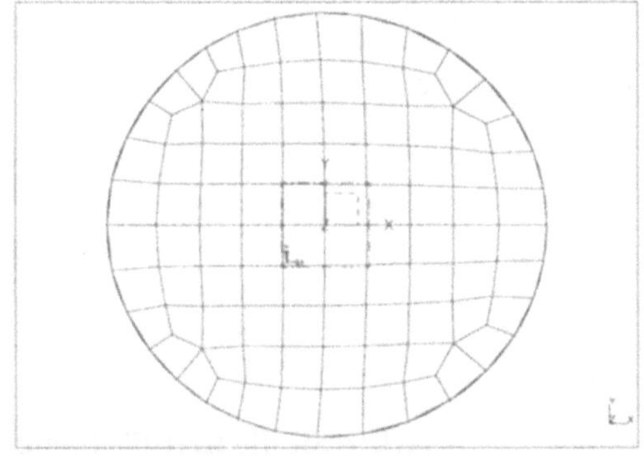

Bild 7.2 Kreisplatte mit FE-Netz

Damit wurde das FE-Netz erzeugt (siehe Bild 7.2). Wir müssen jedoch noch die Dicke der Elemente von 30 mm einstellen. Die Elementdicke ist Teil der Tabelle der physikalischen Eigenschaften:

5b

Physical Properties
Modify

Enter physical prop nam or no. (Directory) **<Return>**

Enter physical prop nam or no. (1-THIN SHELL1) **<Return>**

Enter property nam or no. **<tk>**

Enter 1st value for thickness (1.0) **<30>**

Enter 2nd value for thickness (0.0) **<Return>**

Enter 3rd value for thickness (0.0) **<Return>**

Enter 4th value for thickness (0.0)   **<Return>**

Enter prop nam or no.   **<D-Done>**

Ok to modify physical property table? (Yes)   **<Return>**

Damit ist die FE-Netzerstellung auf der Basis von CAD-Geometrie abgeschlossen.

7.3 Definition einer Druckbelastung

Um eine Druckbelastung zu definieren, wechseln wir in den Boundary Conditions Task

Tasks
     Boundary Conditions

Die Druckbelastung wird mit dem Kommando

2b

Create
     Pressure...

Pick Surfaces   **<picken Sie die Kreisfläche an>**

*Pick Surfaces (Done)***<Return>**

Pressure on Surface	
Pressure	**<5E+8 eingeben>**
OK	

Es soll ein Druck von 5 bar auf die Platte aufgebracht werden. Da wir in den Einheiten Millinewton (mN) und Millimeter (mm) arbeiten, ergibt sich

$$5 \text{ bar } = \quad 5 * 10^5 \text{ N/m}^2 = \quad 500 \text{ mN/mm}^2$$

Sie haben sicher beobachtet, daß dieser Druck als sogenanntes Load Set den Namen „LOAD SET1" bekam. Die Temperaturverteilung, die wir im folgenden definieren wollen, wird einem anderen Set - einem sog. „Temperature Set" zugeordnet.

7.4 Definition einer Data Surface

Oftmals sind die Belastungen (Drücke, Temperaturen, Kräfte etc.) nicht konstant über eine Fläche verteilt. Diese Belastungen variieren und können evtl. durch eine mathematische Gleichung beschrieben werden. Für solche Fälle kann im Boundary Condition Task eine sogenannte Data Surface erklärt werden.

2c

Data Surface
     Create...

Pick Surfaces   **<picken Sie die Kreisfläche an>**

Pick Surfaces (Done)   **<Return>**

Data Surface Creation	
Name	**<„Temperaturverlauf" eingeben>**
Creation Method	**<Function einstellen>**
Specify Function...	**<anklicken>**

Function Specification	
Expression	**<geben Sie folgenden Funktionsverlauf der Temperatur ein:** $500 * \cos(90 * ((x/500)^2 + (y/500)^2))$ **>**
OK	

Data Surface Creation	
OK	

Hiermit wurde eine Data Surface geschaffen, die den Temperaturverlauf über der Platte festlegt. Der Name dieser Data Surface ist „Temperaturverlauf". Die Temperaturen in der Mitte der Platte betragen 500°. Zum Rand der Platte hin fallen die Temperaturen cosinusförmig ab und betragen dort 0°.

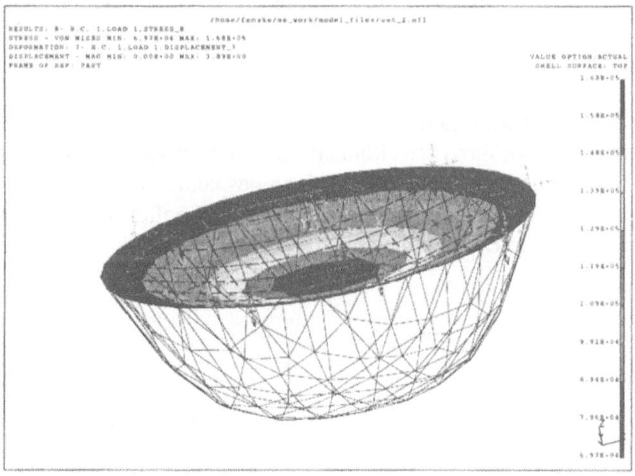

**Bild 7.4 Verformte Struktur unter Druckbelastung mit
Falschfarbenbild und Data Surface**

7.5 Definition einer Temperaturbelastung

Wir wollen den Temperaturverlauf, der in Abschnitt 7.4 als Data Surface definiert wurde, auf die Platte als Last aufbringen (siehe Vorlesung). Im folgenden kann dann eine Wärmespannungsanalyse durchgeführt werden. Die Tabelle der physikalischen Eigenschaften beinhaltet auch den thermischen Ausdehnungskoeffizienten (thermal expansion coefficient), der durch das Programm auf 1,17 10-5 1/Kelvin voreingestellt ist. Dieser Wert entspricht etwa dem Ausdehnungskoeffizienten von Stahl, so daß wir ihn nicht zu ändern brauchen..

Wir erzeugen nun die Temperaturlast:

3b

Create
      Temperature...

    Pick Nodes/Vertices/Edges/Surfaces   **<picken Sie die Kreisfläche>**

    Pick Nodes/Vertices/Edges/Surfaces (Done)   **<Return>**

Temperature on Surface	
On face of...	**<Thin Shell aktivieren>**
Thin Shell:	
Temperature	**<1>**
(Middle)	
Constant/Surface	**<Surface aktivieren und mit ? die definierte Data Surface anwählen>**
OK	

Damit ist die Temperaturbelastung der Platte definiert. Sie hat den Namen TEMPERATURE SET1 erhalten.

7.6 Definition der Randbedingungen

Um eine Berechnung durchführen zu können, müssen zusätzlich Randbedingungen definiert werden. Der Rand der Platte sei momentenfrei eingespannt. Wir wollen die Randbedingungen jedoch nicht bezogen auf die Knotenpunkte eingeben (was möglich wäre!), sondern bezogen auf die zu den Randknoten assoziierte Berandungskurve (Kreis):

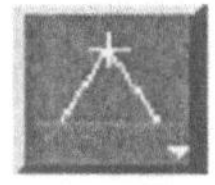

4b

Create
      Restraint...

Pick Nodes/Vertices/Edges/Surfaces   **<picken Sie den Kreis an>**

Pick Nodes/Vertices/Edges/Surfaces (Done)   **<Return>**

Displacement Restraint on Edge
<Die Verschiebungen in x,y und z-Richtung werden zu Null gesetzt, falls dies nicht voreingestellt ist. Die entsprechenden Rotationen bleiben frei (FREE einstellen).
OK

Damit wurde die Randbedingung definiert. Diese Randbedingung muß nun mit den beiden Belastungen (Druck, Temperatur) zu sog. Boundary Condition Sets kombiniert werden:

6a

Boundary Condition...

Boundary Condition Set Management	
Restraint Set	**<aktivieren>**
Load Sets	**<LOAD SET1 aktivieren>**
OK	

Damit wurde ein erstes Boundary Condition Set mit Namen „Boundary Condition Set1" erklärt, welches die Randbedingung und die Drucklast kombiniert.

Wir kombinieren nun die Randbedingung mit der Temperaturlast:

6a

Boundary Condition...

Boundary Condition Set Management	
<in der ersten Zeile das ?-Zeichen anklicken>	
OK	

Boundary Condition Set	
Selections	**<den neuen Namen „BoundaryConditionSet2"** **eingeben>**
OK	

Boundary Condition Set Management	
Restraint Set	<aktivieren>
Temperature Set	<TEMPERATURE SET1 einstellen>
Load Sets	<LOAD SET1 deaktivieren>
OK	

Abschließend schaffen wir ein drittes Boundary Condition Set, das die Randbedingungen mit Druck- und Temperaturlast kombiniert. Druck und Temperatur sind also gleichzeitig wirksam:

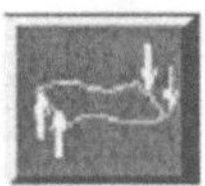

6a

Boundary Condition...

Boundary Condition Set Management	
<in der ersten Zeile das ?-Zeichen anklicken>	
OK	

Boundary Condition Set	
Selections	<den neuen Namen „BoundaryConditionSet3" eingeben>
OK	

Boundary Condition Set Management	
Restraint Set	<aktivieren>
Temperature Set	<TEMPERATURE SET1 einstellen>
Load Sets	<LOAD SET1 aktivieren>
OK	

Damit ist die Definition der Randbedingungen abgeschlossen.

7.7 Durchführung der statischen Berechnung

Zur Durchführung der Berechnung müssen drei Solution Sets erzeugt werden, wobei ein solches Set je einem Boundary Condition Set entspricht. Die Zuordnung ist folgende:

Solution Set1	<--->	Boundary Condition Set1
Solution Set2	<--->	Boundary Condition Set2
Solution Set3	<--->	Boundary Condition Set3

Wir wechseln in den Model Solution Task und erzeugen im folgenden drei Solution Sets:

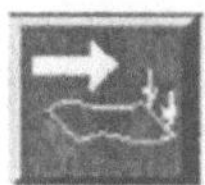

1a

Solution Sets...

Manage Solution Set	
Create...	<anklicken>

Solution Set	
Boundary Condition Set	<wählen Sie das entsprechende Boundary Condition Set>
OK	

Manage Solution Set	
Dismiss	

Im nächsten Schritt erklären wir das erste Solution Set zum aktiven Solution Set (current set) und starten dann die Berechnung:

1a

Solution Sets...

Manage Solution Set	
Solution Set1	<aktivieren>
Current	<anklicken>
Dismiss	

2a

Solve...

Solve Form	
Solve	

Nachdem die Berechnung beendet ist, können Sie das zweite Solution Set auswählen und die zweite Berechnung starten. Verfahren Sie mit dem letzten Solution Set genauso.

7.8 Durchführung einer Modalanalyse (Eigenschwingungsanalyse)

Zur Durchführung der Modalanalyse muß im Boundary Condition Task ein besonderes Boundary
Condition Set definiert werden:

Tasks
      Bondary Condition

Boundary Conditions...

Boundary Conditions Set Management	
Linear Statics	<anklicken und umstellen auf „Normal Mode Dynamics - SVI">
Restraint Set	<aktivieren>
OK	

Anschließend kann die Modalanalyse durchgeführt werden:

Tasks
      Model Solution

      1a

Solution Sets...

Manage Solution Set	
Create...	<anklicken>

Solution Set	
Description	<„Modalanalyse der Platte" eintragen>
Type of Solution	<Normal Mode Dynamics - SVI>
Options...	<anklicken>

Solution Options	
Solution Control...	<anklicken>

Solution Control	
Number of flexible modes	<5>
OK	

Solution Options	
OK	

Solution Set	
OK	

Manage Solution Set	
Solution Set1	<aktivieren>
Dismiss	

2a

Anschließend starten wir die Berechnung mit **Solve....** Zur Darstellung der Ergebnisse im **Post Processing Task** werden zunächst die **Verschiebungen** als Ergebnisdatensatz zu Darstellung angewählt:

1a

Results
    Select Results...

Results Selection	
1 - B.C.1, MODE1,....	<anwählen>
Deformation Results	<mit „Pfeiltaste" angewählten Ergebnis- datensatz eintragen>
Display Results	<Clear>
OK	

Anschließend kann entweder eine Verformungsdarstellung der Eigenform durch

2a

Display
    Execute

oder eine bewegte Darstellung (Animation) mit

3a

Animate Results
    Execute

Pick Elements/Trace Lines   **<Return>**

erzeugt werden. Damit ist die siebte Übung beendet.

GEOMETRIEORIENTIERTE FEM / COMPUTER AIDED ENGINEERING
ÜBUNG 8 / WINKEL ALS VOLUMENMODELL

Zielsetzung:

In dieser Übung sollen Sie an einer einfachen Geometrie eines Winkelstücks lernen, Volumenelemente einzusetzen. Unterschiedliche Varianten der Netzerzeugung über Free und Mapped Meshing werden vorgestellt. Sie können dabei aus den unterschiedlichen Berechnungsergebnissen der jeweiligen Modellbildung Erfahrungen in der Beurteilung der Modellbildung sammeln. Bei der Volumenvernetzung sind in dieser Übung zunächst Tetraederelemente (free meshing) und Hexaederelemente (mapped meshing) ohne Zwischenknoten (Linear Elements) eingesetzt worden, um die Auswirkung der Elementtypen eines Volumennetzes auf die Ergebnisse zeigen. In einem zweiten Teil sind Hexaederelemente mit Zwischenknoten (parabolic elements) zum Vergleich zu denjenigen ohne Zwischenknoten verwendet worden.

Am Ende der Übung werden noch einige Hinweise zur Modellierung mit ein- und zweidimensionalen Elementen gegeben, um die mechanischen Vereinfachungen und ihre Auswirkungen zu erläutern.

Aufgabenstellung:

Ein grundsätzlich einfaches kompaktes Bauteil (Winkel) nach Bild 8.1 ist durch Extrusion zu erstellen. Dazu ist der Winkelquerschnitt zu skizzieren und zu bemaßen und anschließend die Extrusion auszuführen.

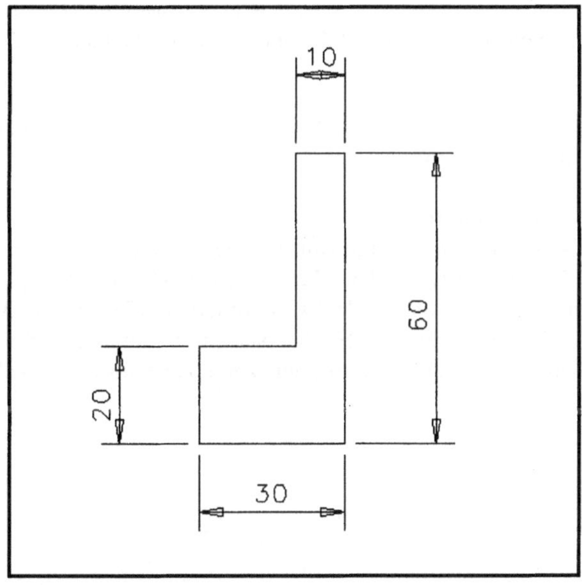

Bild 8.1 Geometrie des Volumenmodells, Extrusionstiefe 20 mm

Das Bauteil ist ohne Rundungsradius im Übergang vom dickeren zum dünneren Winkelquerschnitt vorgegeben, so daß hier eine scharfe Kante entsteht. Diese gewählte Geometrie läßt es zu, einige besondere Probleme zu verdeutlichen. Im ersten Arbeitsschritt soll die „Drahtgeometrie" gezeichnet und das Volumen durch Extrusion erzeugt werden. Anschließend soll das gesamte Winkelvolumen durch Extrusion einer Trennlinie (Partition) in zwei Teilvolumina aufgeteilt werden. Die Teilvolumina werden dann jeweils einzeln mit Volumenelementen vernetzt.

Die Randbedingungen für die hier behandelte Aufgabe sind:

- Feste Einspannung entlang der umlaufenden Kante an der oberen Fläche von 10 mm x 20 mm (z. B. Simulation einer Schweißnaht um diese Kanten).

- Belastungsfall: Streckenlast an der oberen Kante von 20 mm Länge des unteren Winkelteils.

LÖSUNG / ÜBUNG 8

8.1 Erstellung eines CAD-Teilemodells (Parts)

Legen Sie eine Modelldatei mit dem Namen „Uebung8" an. Zunächst wird im Master Modeling Task die Geometrie des Winkelquerschnitts skizziert und bemaßt.

Linienzug für das Bauteil skizzieren, Vorgehensweise wie in den vorigen Aufgaben. Falls die Bemaßung nicht automatisch erzeugt wurde oder verändert werden soll, bitte ebenfalls entsprechend vorigen Aufgaben durchführen. Alle Maße und Maßabhängigkeiten eintragen, so daß Profil der Skizze entspricht.

Extrudieren des Winkelprofils zum Volumen mit 20 mm Extrusionstiefe. Dieses CAD-Modell (Part) erhält abschließend den Namen „Winkelvolumen".

8.2 Partitionierung des Volumenmodells

Um das Volumenmodell besser bzw. überhaupt (mit mapped meshing) vernetzen zu können, soll das Volumen geteilt (partitioniert) werden. Zur „geordneten" Vernetzung über mapped meshing müssen Volumen mit sechs eindeutig definierten Flächen vorhanden sein. Gegenüberliegende Flächen bilden jeweils ein Flächenpaar. Im folgenden Bild 8.2 sind neben der Partition auch die Flächen dargestellt, die bei der Vernetzung über mapped meshing zu kombinieren sind.

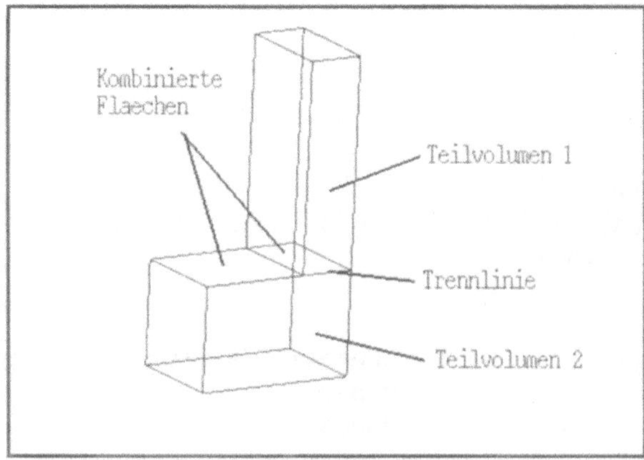

Bild 8.2 Aufteilung in Teilvolumen (Partitionen)

In dieser Aufgabe wird das Gesamtvolumen in zwei Teilvolumen geteilt. Dazu wird eine entsprechende Linie auf eine Oberfläche gezeichnet und zum Trennen extrudiert. Zunächst eine geeignete Zeichenfläche (hier eine Profilfläche des Winkels) wählen:

Workplane
    Attach

      Pick plane to sketch on   **< Fläche zum Skizzieren picken >**
      *Pick plane to sketch on(Accept)*** **< Return >**

Nun die Trennlinie, nämlich eine Linie vom Eckpunkt senkrecht auf die Linie der langen Kante, zeichnen:

Create
    Line
        Single Line

      Locate start   **< Punkt picken >**
      Locate end   **< Punkt picken >**
      Locate start   **< Done >**

Extrude

> *Pick curve or section*
> **[Achtung, nichts picken, sondern in Zeichenfenster rechte
> Maustaste drücken !]**

Partition

Pick curve or section	**< Linie zur Teilung picken >**
Pick curve to continue	**< Done >**
Pick curve to add or remove	**< Done >**

Extrude Section	
Depth	< kein Eintrag in Feld >
Depth Schalter	< Thru All>
OK	

Save

Das Gesamtvolumen ist in zwei Teilvolumen aufgeteilt, was für free meshing nicht, für mapped meshing aber erforderlich ist. Es wäre natürlich auch möglich gewesen, das Gesamtvolumen in mehr als zwei Teilvolumen aufzuteilen. Hier wäre eine Aufteilung in drei Teilvolumen sogar besonders einfach für mapped meshing. Das ist aber nicht ausgeführt worden, um im Aufgabenteil für mapped meshing die Kombination von Flächen zeigen zu können.

8.3 Erzeugung des FE-Volumennetzes mit dem Netzgenerator über 'free meshing'
Eine Volumenvernetzung über free meshing ist fast immer der einfachste, aber mechanisch oft auch der schlechteste Weg, um gute Ergebnisse zu erzielen. Hier sei auf die umfangreiche Literatur zu Finiten Elementen und ihre Anwendungen verwiesen.
Im folgenden Kapitel ist die Vernetzung für die Teilvolumina gezeigt.

Tasks
Meshing

Manage
Create FE Model...

FE Model Create	
Get...	**<Winkelvolumen>,** falls noch nicht vorhanden

Select Parent Part	
Winkelvolumen	<aktivieren>
OK	

FE Model Create	
FE Model Name	< Winkelfree >
OK	

Define
     Solid Mesh

Pick Volumes	**< zu vernetzendes Teilvolumen picken >**
	[nur ein Teilvolumen!]
Pick Volumes	**< Done >**

Define Mesh	
Mesh Type	**< free >**
Element Family	**< Solid >**
Element Type	**< Tetraeder (Pyramide) mit 4 Eckknoten,**
	ohne Mittenknoten auf Kanten >
	(d. h. Element mit linearem Ansatz)
Element Length	**< 5 >**
	<Apply> klicken
Physical Property	**SOLID 1**
Material	**GENERIC_ISOTROPIC**
OK	

Preview
     Modify Mesh Preview

Pick Volumes/Parts/Surfaces	**<zu vernetzendes Teilvolumen picken >**
	Falls nicht das richtige Volumen
	erscheint, mehrfach nacheinander
	klicken (Hirarchie)
Pick Volumes/Parts/Surfaces	**< Return >**

<table>
<tr><td colspan="2">Modify Mesh Preview</td></tr>
<tr><td>Keep Mesh</td><td>Cancel Mesh</td></tr>
<tr><td>Keep Mesh</td><td><picken></td></tr>
</table>

Das gleiche Vorgehen wird zur Vernetzung des zweiten Teilvolumens gewählt.

8.4 Randbedingungen

Bei diesem Modell werden nur geometrische Randbedingungen verwendet, so daß auch nur
Geometrieelemente auf dem Bildschirm dargestellt werden müssen. Die Darstellung von
Elementen und Knoten erschwert die weitere Bearbeitung, so daß Elemente und Knoten
sinnvollerweise in der Darstellung ausgeblendet werden sollten.

<table>
<tr><td colspan="3">Display Filter</td></tr>
<tr><td>Wireframe</td><td>Visibility</td><td>< aus ></td></tr>
<tr><td>Parts</td><td>Visibility</td><td>< an></td></tr>
<tr><td>Assembly</td><td>Visibility</td><td>< aus ></td></tr>
<tr><td>Work Plane</td><td>Visibility</td><td>< aus ></td></tr>
<tr><td>FE-Models</td><td>< picken></td><td></td></tr>
</table>

<table>
<tr><td colspan="2">FEM Display Filter</td></tr>
<tr><td>All ON / Off</td><td>< All Off ></td></tr>
<tr><td>OK</td><td>< picken></td></tr>
</table>

<table>
<tr><td colspan="2">Display Filter</td></tr>
<tr><td>OK</td><td>< picken></td></tr>
</table>

Im folgenden sollen nun die Lagerbedingungen und die Lasten wie folgt aufgebracht werden.

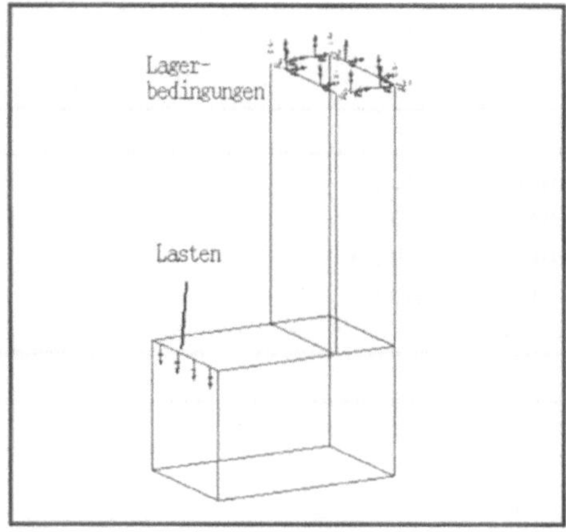

Bild 8.3 Lagerbedingungen und Lasten

Create
    Restraint

Pick entities   < 4 Kanten auswählen >
                                   (Shift - Taste !)
Pick entities   < Done >

Displacement Restraint on Edge		
X Translation	Amplitude = 0	Type = constant
Y Translation	Amplitude = 0	Type = constant
Z Translation	Amplitude = 0	Type = constant
X Rotation	Amplitude	Type = free
Y Rotation	Amplitude	Type = free
Z Rotation	Amplitude	Type = free
OK		

Achtung: das Ergebnis ist auf dem Bildschirm nicht erschienen, weil alle FE-Darstellungen, also auch Restraints, vom Display Filter ausgeblendet wurden. Also Display Filter wieder sinnvoll setzen:

Display Options
     Display Filter

<table>
<tr><td colspan="4">Display Filter</td></tr>
<tr><td>Wireframe</td><td>Visibility</td><td>< aus ></td><td></td></tr>
<tr><td>Parts</td><td>Visibility</td><td>< an></td><td></td></tr>
<tr><td>Assembly</td><td>Visibility</td><td>< aus ></td><td></td></tr>
<tr><td>Work Plane</td><td>Visibility</td><td>< aus ></td><td></td></tr>
<tr><td>FE-Models</td><td>< picken></td><td></td><td></td></tr>
</table>

<table>
<tr><td colspan="3">FE Display</td></tr>
<tr><td>Visibility</td><td><All Off></td><td></td></tr>
<tr><td>Visibility</td><td>Restraints</td><td>< an></td></tr>
<tr><td>Visibility</td><td>Loads on Nodes/ ...</td><td>< an></td></tr>
<tr><td>Visibility</td><td>Loads on Edges</td><td>< an></td></tr>
<tr><td colspan="3">OK</td></tr>
<tr><td colspan="3">Display Filter</td></tr>
<tr><td colspan="3">OK</td></tr>
</table>

8.5 Erzeugung der Lasten

Eingabe der Streckenlast auf die obere Winkelkante des unteren Winkelarmes.

Create
     Force...

Pick entities	**< Kante picken >**
Pick entities (Done)	**<Return>**
Pick surface to set direction of	<eine der selektierten Flächen,
forces on edge	hier z. B. die senkrechteFläche picken >

<table>
<tr><td colspan="2">Force on Edge</td></tr>
<tr><td>Intensity (Force/Length)</td><td><aktivieren></td></tr>
<tr><td>In Plane Force</td><td>Amplitude = 100000</td></tr>
<tr><td>Out of Plane Force</td><td>Amplitude = 0</td></tr>
<tr><td>Shear Force</td><td>Amplitude = 0</td></tr>
<tr><td>Bending Moment</td><td>Amplitude = 0</td></tr>
<tr><td colspan="2">Apply   (Kraftrichtung wird angezeigt, gegebenenfalls Korrektur vornehmen)</td></tr>
<tr><td colspan="2">OK</td></tr>
</table>

8.6 Berechnung

Die Berechnung bzw. Lösung ist entsprechend den vorigen Übungen durchzuführen.
Es wird die Warnung ausgegeben, daß lineare Tetraederelemente für Strukturanalysen nicht empfohlen werden. Die Ergebnisqualität kann sehr zu wünschen lassen. Wir wollen dies Ergebnisse darstellen.

8.7 Darstellung der Ergebnisse

Die Ergebnisse für die Vergleichs- und Hauptspannungen zeigen allein bei qualitativer Einschätzung ein sehr zweifelhaftes Verhalten. Die Spannungsverteilung ist so nicht zu erwarten. Sie ist gleichmäßig über die Winkeltiefe verteilt, die Spannungsspitzen liegen nicht in der scharfkantigen Kerbe.
Lassen Sie sich zum Vergleich die gemittelten und ungemittelten Ergebnisse darstellen, um die Ungenauigkeit dieser Berechnung zu dokumentieren.
Offensichtlich zeigt sich an diesem Beispiel, daß Tetraederelemente mit linearem Ansatz hier nicht zu befriedigenden Ergebnissen führen. Die Gründe hierfür sind:

- Es ist eine sehr feine Elementteilung erforderlich.
- Der lineare Ansatz für diesen Elementtyp ist nicht befriedigend.
- Elemente liefern keine guten Spannungsergebnisse.
- Elemente sind in Bereichen unkritischer Spannungsverteilung als 'Übertragungselemente' geeignet.

In der IDEAS Dokumentation ist deshalb auch der Hinweis zu finden, daß die meisten Strukturen besser mit Hexaedern (brick elements) berechenbar sind. Dieses soll nun gezeigt werden.

8.8 Erzeugung des FE-Volumennetzes mit dem Netzgenerator über 'mapped meshing'

Task
>   Meshing

Manage
>   Create FE Model..

FE Model Create	
Part or Assembly	
Get...	<Winkelvolumen>, falls noch nicht vorhanden

Select Parent Part	
Winkelvolumen	<aktivieren>
OK	

FE Model Name	
FE Model Name	< Winkel-mapped >
OK	

Einige Bemerkungen zum allgemeinen Verständnis: Mapped meshing setzt immer eine 'regelmäßige' Struktur, hier Volumenstruktur voraus. Soweit diese den zu vernetzenden Volumen nicht eigen ist, muß eine solche Regelmäßigkeit durch vorhergehende Maßnahmen aufbereitet werden.

Am vorliegenden Beispiel bedeutet dies: das obere Teilvolumen ist ein Quader mit 6 Begrenzugsflächen, die nicht unterbrochen oder getrennt sind (siehe Bild 2). Das untere Teilvolumen ist zwar ebenfalls ein Quader, bei dem aber die obere Begrenzungsfläche in 2 Teilflächen aufgeteilt ist. Diese Flächen sind zum einen die freie Schenkelfläche und zum anderen die Trennfläche zum oberen Schenkel des Winkels. Diese Flächen müssen zur Beschreibung des Volumennetzes zusammengefaßt werden. Dazu werden für alle am Volumen beteiligten Flächen Einstellungen der mapped meshing Parameter vorgenommen. Für jede Fläche sind die Parameter entweder über eine Elementgröße (Kantenlänge der Volumenelemente) oder über **Mapped Options** durch Definition eines Flächennetzes anzugeben. Der einfachere Weg ist die Angabe einer globalen Elementgröße.

Der Versuch, das untere Teilvolumen ohne Vor- bzw Aufbereitung über 'mapped meshing' zu vernetzen, scheitert mit der Fehlermeldung: Corners must be defined for all the selected entities or surfaces must be combined. Einige Flächen sind nicht eindeutig definiert, weil beispielsweise die Kanten in sich geteilt sind. Im folgenden werden diese Flächen eindeutig definiert.

Define Solid Mesh

Pick Volumes	**< Unteres Volumen für Solidvernetzung picken >**
Pick Volumes	**< Done >**

Define Mesh	
Mesh Type	**< mapped >**
Element Family	**< Solid >**
Element Type	**< Hexaederelement** **ohne Seitenzwischenknoten >**
Element Length	**< 5 >**
Physical Property	**< SOLID 1 >**
Material	**< GENERIC_ISOTROPIC >**
Mapped Options	**< picken >**

Mapped Meshing Options	
Combine Surfaces	**< picken >**

Pick first surface for composite surface 1
     < 1. Teilfläche der zusammengehörenden Flächen picken (F 3) >
Pick another surface to combine for composite surface 1
     < 2. Teilfläche der zusammengehörenden Flächen picken (F 12) >
Pick another surface to combine for composite surface 1 < Done >

Choose Done for 6 sided volume or
Pick first surface for composite surface 2
(Hier keine weiteren Flächen zusammenfügen, also)
     < Done >

Mapped Meshing Options
Dismiss

Define Mesh
OK

Rechte Maustaste   **Deselect All** (alles abwählen!)
oder Funktionstaste F9

Preview
     Modify Mesh Preview

     Pick Volumes / Parts / Surfaces   < picken Sie das zu vernetzende Volumen >
     Falls nicht das gewünschte Volumen selektiert wird, noch mal Linke Maustaste
     drücken, weil der Reihe nach die Fläche, das Volumen und das Feature angewählt wird
     Pick Volumes / Parts / Surfaces   < Done >

     Keep mesh ,   < Picken >

Der obere Schenkel des Winkels ist sehr einfach zu vernetzen, da als Berandung des
Volumens sechs Flächen ohne innere Teilung vorliegen. Deshalb direktes Vorgehen über

Define Solid Mesh

Pick Volumes   **< Volumen für Solid-Vernetzung picken >**
                                   < Done >

Define Mesh	
Mesh Type mapped	**< aktivieren >**
Element Family	**< Solid >**
Element Type	**< Hexaederelement ohne Seitenzwischenknoten >**
Element Length	**< 5 >**
Physical Property	**< SOLID 1 >**
Material	**< GENERIC_ISOTROPIC >**
OK	

Preview
   Modify Mesh Preview

Pick Volumes / Parts / Surfaces   < picken Sie das zu vernetzende Volumen >
Falls nicht das gewünschte Volumen selektiert wird, noch mal Linke Maustaste
drücken, weil vom Programm der Reihe nach die Fläche, das Volumen und das
Feature angewählt wird
Pick Volumes / Parts / Surfaces   **< Done >**

Keep mesh   **< Picken >**

Das Volumennetz ist erzeugt.

Randbedingungen, also **restraints** und **loads,** werden genau so erzeugt wie unter Punkt 8.4
und 8.5. Das Lösungsset wird entsprechend Punkt 8.6 gebildet.

8.9 Ergebnisse für mapped meshing

Task
   Post Processing

Die Ergebnisse für die Vergleichs- und Hauptspannungen sind deutlich glaubhafter als bei der
Berechnung über free meshing. Allerdings ist auch hier die Kerbspannung nicht befriedigend
erfaßt. Offensichtlich ist die Elementgröße im Kerbbereich noch zu groß. Eine
Elementverfeinerung ist für eine zuverlässige Aussage erforderlich. Dabei ist darauf zu
achten, daß eine Elementverfeinerung in allen drei Richtungen eintritt, weil ansonsten stark
verzerrte Elemente mit untauglichem Verhältnis der Kantenlängen eingesetzt werden. Ein
weiterer Weg ist der Einsatz von Elementen mit höherem Verschiebungsansatz, also
Elementen mit Zwischenknoten. Damit bieten sich mehrere Möglichkeiten an, das
Rechenergebnis zu verbessern:

1. Neue Vernetzung mit kleineren Elementen
2. Neue Vernetzung mit Nutzung der Elementverfeinerung an der Kerbstelle (Bias)
3. Gleiche Elementgröße (Brick elements), aber Elemente mit quadratischem Verschiebungsansatz.
4. Kombination der obigen Methoden

Den schnellen und einfachenWeg entsprechend Punkt 3 wollen wir im Anschluß zeigen.

8.10 Vernetzung mit mapped meshing und Einsatz von brick elements mit Seitenzwischenknoten

Vorgehensweise:
Vorhandene Ergebnisse löschen, die Ordnung der Elemente ändern und anschließend eine neue Berechnung durchführen.

Results
    Delete

        All
        OK to delete n Results?   < Yes >

Task
    Meshing

Elements
    Modify

        Pick elements   Rechte Maustaste   <ALL>
                    < Done >
    Select element attribute to modify   <ORDER>
    Select new element order   <PARABOLIC>
    Enter Node start label   < Done >
    OK to modify 160 elements ?   < Yes >

Meldungen über neu erzeugte Knoten im List-Fenster werden mit **return** bestätigt. Anschließend wird die Berechnung durchgeführt.

Ergebnisdiskussion
Die erzielten Ergebnisse erfüllen auf den ersten Blick die Aspekte einer prinzipiell glaubhafteren Berechnung. Die Kerbspannung wird erfaßt und die Spannungshöhe ist größer als bei den bisherigen Lösungen. Eine wirkliche Aussage über die Ergebnisgenauigkeit ist aber dennoch nicht zu erzielen, da sich über die Berechnungen noch keine Konvergenz der Ergebnisse eingestellt hat.

Um eine wirklich zuverlässige Berechnung durchzuführen, muß noch eine weitere Netzverfeinerung im Kerbbereich unter Verwendung von brick elements mit Seitenzwischenknoten durchgeführt werden.

Die Modellbildung und die Berechnung kann mit den gezeigten Methoden ausgeführt werden, so daß die Konvergenz der Ergebnisse überprüfbar ist. Diese anschließenden Arbeiten sind dem interessierten Kursteilnehmer überlassen.
Außerdem wird zu Übungszwecken angeregt, das Winkelstück mit Beam- und Shell-Elementen zu modellieren. Bei Balkennachbildungen ist natürlich keine Kerbwirkung vorhanden. Die zweidimensionalen Elemente sind für die Netzverfeinerung hervorragend geeignet, erfassen aber nur einen ebenen, und nicht einen räumlichen Spannungszustand. In der einschlägigen Literatur finden sich zahllose Informationen und Beispiele.

Als erweiterte Aufgabe zum Selbststudium kann der Winkel mit einem Rundungsradius von r = 10 mm behandelt werden. Der Schwierigkeitsgrad dieser Aufgabe bei einer Volumenvernetzung ist wesentlich höher. Die Aufgabe wird sinnvollerweise erst nach der Bearbeitung der folgenden Aufgaben des Skripts angegangen.

Damit ist die achte Übung beendet.

ÜBUNG 9 / FÜHRUNGSLASCHE ALS VOLUMENMODELL
(VOLUMEN- UND ELEMENTBASIERTE VERNETZUNG)

Zielsetzung: In dieser Übung sollen Sie lernen, Volumenelemente
    a) über ein Volumennetz und
    b) durch Extrusion von Flächenelementen
in einem Modell einzusetzen. Unterschiedliche Varianten der Netzerzeugung sollen erprobt werden.

Bei der ersten Variante wird das Verfahren gezeigt, ein Volumen in Teilvolumina zu zerlegen und die Teilvolumina getrennt mit einem geordneten Volumennetz (mapped mesh) zu vernetzen.

Bei der zweiten Variante werden die geometrisch komplizierteren Geometriebereiche durch Volumenelemente beschrieben, die durch Extrusion von Flächenelementen entstehen. Die Flächenelemente werden durch Flächenvernetzung einer geeigneten Fläche erzeugt. Die beiden unterschiedlichen Vernetzungsverfahren erzeugen in den Grenzflächen doppelte (koinzidente) Knoten. Die Behandlung solcher Doppelknoten, die jeweils zu einem Knoten verschmolzen werden müssen, soll erläutert und geübt werden.

Es soll die Symmetrie des Bauteils genutzt werden. Das Teilen des Bauteils durch einen Ebenenschnitt wird behandelt. Die Symmetrie-Randbedingungen sollen erstellt werden. Das notwendige Vorgehen zur Eingabe der Randbdingungen bei diesem Modell soll erarbeitet werden.

Aufgabenstellung: Eine geometrisch relativ einfache Lasche nach **Bild 9.1** ist durch Volumenelemente zu berechnen.

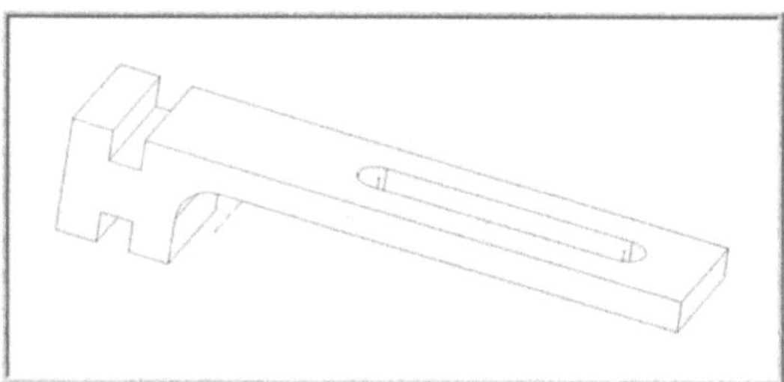

Bild 9.1 Lasche

Dazu ist die Lasche zu skizzieren und zu bemaßen. Über die Änderung der Drahtgeometrie (wireframe) ist die Lasche als Volumen leicht durch Extrudieren zu erzeugen. Die paßfederförmige Nut ist als Feature zu modellieren.

Anschließend ist das gesamte Laschenvolumen durch Extrusion von Trennlinien in Teilvolumina aufzuteilen. Diese Teilvolumina werden dann jeweils einzeln mit Volumenelementen vernetzt, wobei die geometrisch regelmäßigen Volumina über Volumennetze, die geometrisch komplizierteren Volumen (mit Rundungen) über Extrusion von Flächenelementen vernetzt werden.

Die Randbedingungen sind folgende:

- Es liegt eine Anlage der Führungsflächen an - als starr angenommenen - Gegenflächen vor. Vereinfachend wird angenommen, daß die Verschiebungen senkrecht zu den Führungsflächen zu Null gesetzt werden.

- Belastungsfall: Streckenlast entlang der äußeren Führungsnutrundung, resultierende (totale) Streckenlast 500 N

LÖSUNG / ÜBUNG 9

9.1 Erstellung eines CAD-Teilemodells (Parts)

Legen Sie eine Modelldatei mit dem Namen „Uebung9" an. Zunächst wird im Master Modeling Task die Geometrie des Führungsstückes skizziert und bemaßt. Sinnvollerweise sollten solche Abhängigkeiten (constraints), die nicht benötigt werden, vermieden werden.

Task
    Master Modeler

Skizzieren des Führungsstücks, wie in vorangegangenen Übungen im Detail gezeigt, über

Create
    Line
        Polyline   < **Linienzug picken** >

Modify
    Wireframe
        Fillet   < **Ecke picken, Radius eingeben** > **OK**

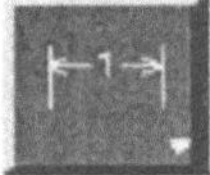

Constrain
    Dimension   < **Linearbemaßung vornehmen** >

Modify
    Entity

       Pick entity to modify   < Maß picken und auf gewünschtes Maß ändern, weitere Maße ändern >

Wenn alle Maße in einer Tabelle erscheinen sollen und zur Änderung verfügbar gemacht werden sollen, ein Maß selektieren und dann mit rechter Maustaste <All> wählen. Alle Maße sind selektiert, mit dem Befehl **Modify** wird die vorselektierte Liste aller Maße genommen.

Alle Maße und Maßabhängigkeiten eintragen, so daß der Querschnitt entsprechend **Bild 9.2** entsteht. Der Querschnitt wird zum Volumenmodell extrudiert (Extrusionslänge 30 mm).

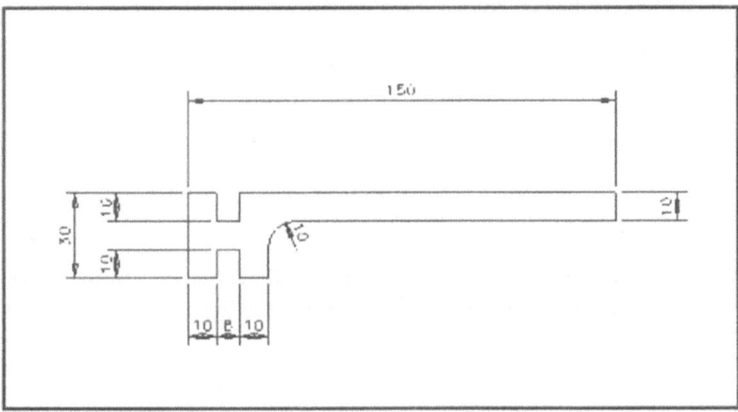

Bild 9.2 Querschnitt mit Bemaßung

Create
    Extrude

       Pick curve or section   < **Kontur** picken >
                                      < **Done** >

Extrude Section
Distance < 30 > **Flip Directions** (in minus Z-Richtung) **New part** **OK**

Erstellung des paßfederförmigen Langlochs:

Workplane
    Attach

        Pick plane to sketch on   < Fläche picken, in der die Form der
                                         Paßfedernut zu skizzieren ist >

Senkrechte Aufsicht auf die Fläche wählen, auf der skizziert werden soll.

View
    Workplane

Weitere hier gewählte Vorgehensweise: Mittellinie der Paßfedernut zeichnen, deren Länge bemaßen und Maß und Lage korrigieren, Parallelen zur Mittellinie ziehen, Kreisbögen als Abschluß.

Create
    Line
        Single Line

           Locate start ...Locate end   < **Done** >
           Mittellinie für die Paßfedernut freihändig so skizzieren, daß eine
           willkürlich geschätzte Mittellinie für die Paßfeder entsteht

Länge der Mittellinie und Abstand vom Ende der Lasche bemaßen.

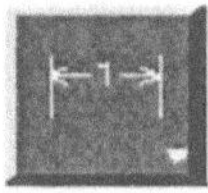

Constrain
    Linear Dimension   < Linearbemaßungen vornehmen >

Modify
 Entity

Pick entity to modify   < Maß picken und auf gewünschtes Maß
                                 ändern, weitere Maße ändern >

Modify
 Wireframe
  Offset

Pick section or curve to offset   **<Mittellinie picken>**

Offset
Distance < 5 >
Copies < 1 >
Flip Side (ohne Bedeutung)
Schalter auf **beidseitig** stellen
OK

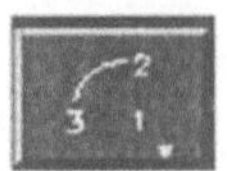

Create
 Arc
  Center Start End

                    < jeweils Mittelpunkt, Startpunkt, Endpunkt wählen, um
                      die Paßfedernut zu skizzieren >

Ihr Bildschirm sollte wie **Bild 9.3** aussehen.

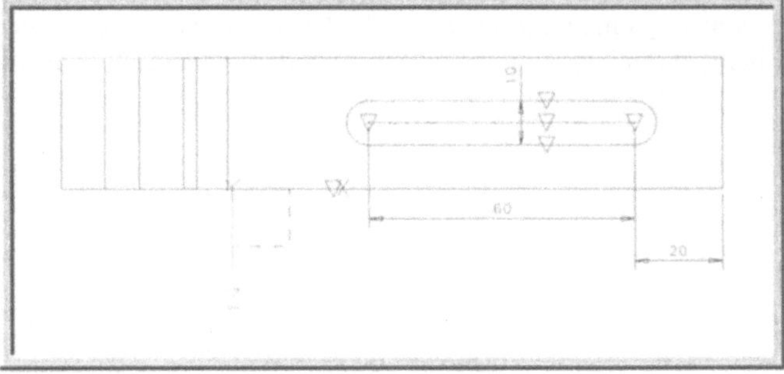

Bild 9.3 Konstruktion des Langlochs

Create
    Extrude

Pick curve ore section   **< Kontur** picken **>**
                                                      < Done >

Extrude Section
Cutout   < Schalter aktivieren > **Depth Schalter** auf **Thru All** setzen **OK**

Das erzeugte Volumenmodell hat nun ein Aussehen wie **Bild 9.4**.

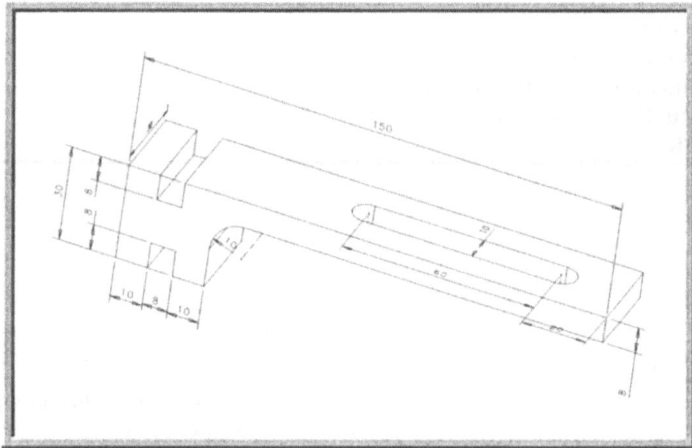

Bild 9.4 Volumenmodell

Für die Berechnung ist aus Symmetriegründen nur die halbe Lasche zu vernetzen. Deshalb wird das Volumenmodell halbiert (entlang Längsmittelachse) und. nur eine Hälfte behalten.

Construct
    Plane Cut

Pick part to cut   < Teil picken >
Pick cutting plane for relational plane cut
rechte Maustaste   **Three Point**
Pick first point
rechte Maustaste   **Between**
< jeweils 2 Modellecken picken, 50% wählen, um Mittenpunkt zu erhalten
Prozedur für 3 Ebenenpunkte ausführen >
Select the side to keep   **Keep Positive Side** oder
              Keep Negative Side < picken >
              (abhängig von Anzeige, siehe Bild 9-5)

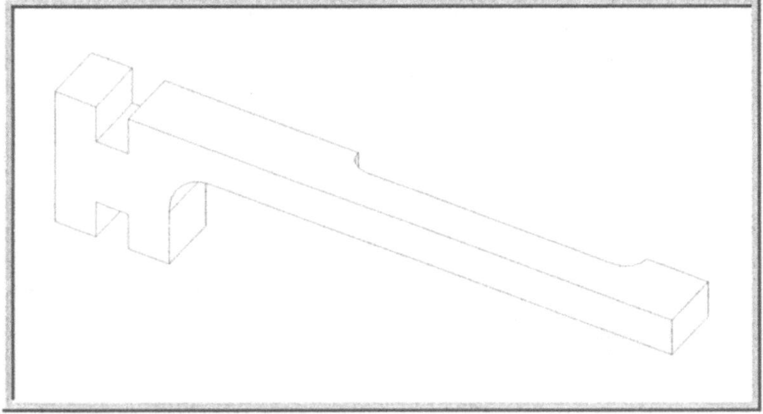

Bild 9.5 Halbmodell

Dieses CAD- Teilemodell (Part) erhält abschließend den Namen '**Führungslasche**' .

Manage
  Name

Pick part to name   < Modell picken >,
            <Führungslasche> eintippen.
            < Done >

9.2 Partitionierung des Volumenmodells

Das Gesamtvolumen wird in Teilvolumina zerlegt, um jedes Teilvolumen einzeln vernetzen zu können. Die getrennt erzeugten Netze werden anschließend, falls erforderlich, zusammengefügt.

Workplane
    Attach   < Querschnittsfläche des Modells picken, um auf dieser Ebene zu skizzieren.>

Nun, wie im folgenden gezeigt, die Trennlinien entsprechend **Bild 9.6** zur Trennung der Teilvolumina erzeugen.

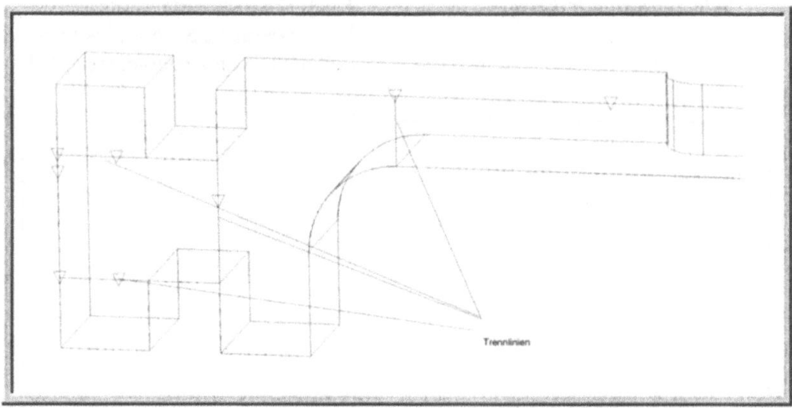

Bild 9.6 Trennlinien

Create
    Line
        Single Line

Alle zur Partionierung erforderlichen Linien zeichnen.

Extrude Section	
Depth	< kein Eintrag in Feld >
Depth Schalter	< Thru All >
OK	

Create
    Extrude

Pick curve or section	< Linie zur Teilung picken >
Pick curve to continue	< mittlere Maustaste = **Done** >
Pick curve to add or remove	< nächste Trennlinie picken >
Pick curve to continue	< mittlere Maustaste = **Done** >
	usw für alle Trennlinien
	< **Done** >

Extrude Section	
Split Surface	< Schalter aktivieren >
Split Surface	< linke Maustaste drücken und halten **Partition** wählen >
Depth Schalter	< **Thru All** >
OK	

Das Gesamtvolumen ist in 5 Teilvolumina aufgesplittet, wobei 2 Teilvolumina über Flächenelementextrusion und 3 Teilvolumina über ein Volumennetz (mapped meshing) vernetzt werden sollen. In den folgenden Abschnitten ist die Vernetzung für die Teilvolumina gezeigt.

9.3 Erzeugung der FE-Volumennetze mit dem Netzgenerator über 'mapped meshing'

Task
     Meshing

Manage
     Create FE Model...

       Part Name   **Fuehrungslasche**
       Fe-Model File Name   **FE-Fuehrung**

Vernetzung der Teilvolumen 1, 2 und 3

Im vorliegenden Beispiel sollen die regelmäßigen (quaderförmigen)Volumina 1,2 und 3 über eine direkte Volumenvernetzung mit Volumenelementen vernetzt werden (siehe auch Aufgabe 8). Diese Teilvolumina sind jeweils Quader mit 6 Begrenzungsflächen. Bei zwei Teilvolumina sind die Begrenzungsflächen eindeutig, bei dem mittleren Teilvolumen muß eine Begrenzungsfläche (die obere) aus Teilflächen zusammengesetzt werden (Combined surfaces).
Zunächst wirddie Vernetzung der Regelvolumen gezeigt.

Define
     Solid Mesh

Pick Volumes   < beide Volumina für Solidvernetzung picken >
                        < Done >

Define Mesh

Eingaben für Solid mesh machen, Elementlänge 4 mm, Netz über Modfy Mesh Preview ansehen und gegebenenfalls korrigieren (siehe vorige Aufgaben)

Nun das Verfahren für das Volumen mit zusammengesetzter Fläche, wie ebenfalls bereits in Aufgabe 8 behandelt.

Define
      Solid Mesh

Pick Volumes   < Volumen picken >
Falls nicht das gewünschte Volumen selektiert wird, noch mal linke Maustaste drücken, weil der Reihe nach die Fläche, das Volumen und das Feature angewählt wird
                        < Done >

Define Mesh

Mesh Type mapped	< aktivieren >
Element Family	**< Solid >**
Element Type	**<Hexaederelement ohne**
	Seitenzwischenknoten >,
Element Length	**< 4 >**
Material	**< GENERIC_ISOTROPIC STEEL>**
Mapped Options	< picken >

Mapped Meshing Options

Combine Surfaces	< picken >
Pick first surface for composite surface 1	< Teilfläche picken >
Pick another surface to combine for composite surface 1	< Teilfläche picken >
Pick another surface to combine for composite surface 1	
Pick first surface for composite surface 2	< Teilfläche picken >
Pick another surface to combine for composite surface 2	< Teilfläche picken >
Pick another surface to combine for composite surface 2	
Done	
OK	

Define Mesh

OK

Sie können sich nun das Netz anzeigen lassen und gegebenenfalls noch modifizieren. Damit ist die volumenbasierte Vernetzung abgeschlossen.

Volumenvernetzung durch Extrusion
Die Teilvolumina 4 und 5 (jeweils mit Rundungen) sollen in folgender Weise vernetzt werden:

- Vernetzung einer Außenfläche mit Rundungsradius über Schalenelemente
- Extrusion der Schalenelemente in Volumenelemente
- Löschen der Schalenelemente
- Kopplung identischer Knoten der Teilvolumina

Vernetzung des Volumens 5 (Volumen mit paßfederförmiger Nut)
Zur Erzeugung der Volumenelemente im 8 mm dicken Laschenteil wird zunächst eine Oberfläche mit Flächenelementen vernetzt, aus denen dann durch Extrusion Volumenelemente erzeugt werden. Die Flächenelemente sind dann wieder zu löschen. Das Verfahren wird im folgenden durchgeführt.

Define
    Shell Mesh...

      Pick Surfaces   < picken Sie die Oberfläche mit der Paßfederrundung >
      < Done >

Define Mesh	
Mesh Type free	< aktivieren >
Element Family	**< Thin Shell >**
Element Type	**< Vierknotenelement anwählen >**
Element Length	**< 5 >**
Free Options	< picken >
	Define Free Meshing Options
Percent Deviation	**< 15 >**
Free Meshing Method	**Maximum Area Plane**
OK	
OK	

Preview
    Modify Mesh Preview

Netz ansehen, bewerten, gegebenenfalls korrigieren und mit **Keep Mesh** behalten.

Zur besseren optischen Differenzierung soll den Flächenelementen eine eigene Elementfarbe zugewiesen werden (z. B. pink).

Element
    Modify

           Pick Elements <rechte Maustaste oder F11> **<Filter>**

Selection Filter
Element	< picken >
Attributes...	< picken >
Family-Schalter	< aktivieren >
Thin Shell	< aktivieren >
OK	
OK	
Pick Elements	<rechte Maustaste> **<All>**
	<rechte Maustaste> **<Highlight Selection>**
	(Kontrollanzeige)
	< Done >

Select element attribute to modify
Color	< picken >
Directory	< **pink** picken >
Ok to modify nn elements	**<Yes>**

Erzeugung der Hexaederelemente (Brick - Volumenelemente)
Menue einschalten und Elemente wie folgt erzeugen:

Element
    Multiple Create
        Extrude
            Translate
                Solid   < picken >

                Pick Element Free Faces   <alle Flächenelemente über
                                             Selektierbox auswählen>

                rechte Maustaste   **<Highlight Selection>**
                                        (Kontrollanzeige)

                Pick Element Free Faces   **< Done >**

Enter Distance Method   **Total Distance** *picken*
Enter X, Y, Z translation   **< 0, -8, 0 >,** (8 mm in negativer Y-Richtung)
Return

Enter twist angle (**0.0**)
Return
Enter number of copies   **< 2 >**
Return
Alle weiteren Abfragen mit Return beantworten, d. h. Voreinstellungen übernehmen.

Enter physical prop name or no (**1-SOLID1**) **Return**

Materials

GENERIC-ISOTROPIC-STEEL   **OK**

   Ok to keep these additions   **Yes**

Löschen der Flächenelemente
rechte Maustaste   **<Deselect All oder F 9>** (zur Sicherheit alles abwählen,
             um nicht irgendetwas nicht selektiertes zu löschen)

Elements
  Delete

   Pick Elements
   rechte Maustaste oder F 11   **Filter**
               Im Selection Filter **< Element** picken **>**
               Attributes...   **< picken >**
               Family Schalter **< aktivieren >**
               Thin Shell   **< aktivieren >**
               OK
               OK

    Pick Elements
    rechte Maustaste   **All**
    rechte Maustaste   **Highlight Selection** (Kontrollanzeige)
    <Done>

   Ok to delete nn elements
   Yes

Vernetzung des Volumens 4 (Volumen mit Rundung)
Das Volumen 4 wird auf gleiche Weise mit Volumenelementen vernetzt. Es wird wieder die
Fläche mit dem Rundungsradius mit Schalenelementen belegt.
Dann werden diese Schalenelemente zu drei Volumenelementen in der Tiefe zur Anpassung an
die schon vorhandenen Netze extrudiert. Die Schalenelemente müssen wieder gelöscht werden.
Folgendes Vorgehen ist gewählt worden, wobei hierbei nur die Parametereinstellungen diskutiert
werden sollen.

Die Vernetzungsparameter sind so zu wählen, daß das erzeugte Netz sich an die vorhandenen
Netze zu beiden Seiten korrekt anschließt. Es dürfen keine freien Knoten ohne Bindungen
entstehen. Die Netze müssen also kompatibel sein, „gute" Elementqualität haben und hinreichend
fein unterteilt sein. Akzeptieren Sie das FE-Netz nur, wenn dies erfüllt ist. Falls fehlerhafte
Anschlüsse an den Netzgrenzen vorliegen, müssen diese Fehler über entsprechende
Vernetzungsparameter angepaßt werden.

Hier noch ein Hinweis zur Einstellung von Netzparametern:

Benutzen Sie

Define
>>**Free Local Length**

Pick Vertices/Edges   <Edge zum Volumen 5 picken>
                               <Done>
Enter number of elements on edge   < n >
Return

zur Vorgaben einer bestimmten Anzahl von Elementen auf bestimmten Kanten.

Extrudieren Sie entsprechend Volumen 5.

Element
>>**Multiple Create**
>>>>**Extrude**
>>>>>**Translate**
>>>>>>**Solid**   < picken >

Pick Element Free Faces   <Flächenelemente zum Extrudieren auswählen>

Hinweis: Es dürfen nur die freien Oberflächen (Free Faces) der Flächenelemente gewählt werden.
Die größere Zahl der Elemente kann z. B. über eine "Auswahlbox" ausgewählt werden. Die
Randelemente, die an die Volumenelemente angrenzen, sollten durch direkte Selektion
ausgewählt werden. Wenn die Auswahlbox zu groß gewählt wird, werden auch freie Flächen von
Volumenelementen angewählt. Hier ist unbedingt eine Kontrolle erforderlich!

Pick Element Free Face   **<Done>**
Enter Distance Method   **Total Distance** *picken*
Enter X, Y, Z translation   **< 0, 0, -15 >**, (15 mm in negativer Z-Richtung)
Return
Enter twist angle (0.0)

Return
Enter number of copies to sweep   < 3 >
Return

Alle weiteren Abfragen mit **Return** beantworten, weiteres Vorgehen wie bei Volumen 5.

Löschen der Flächenelemente wie zuvor bei Volumen 5!
Das gesamte Volumennetz ist relativ grob gewählt worden, um das Verfahren prinzipiell zu zeigen und den Überblick nicht unnötig zu erschweren.

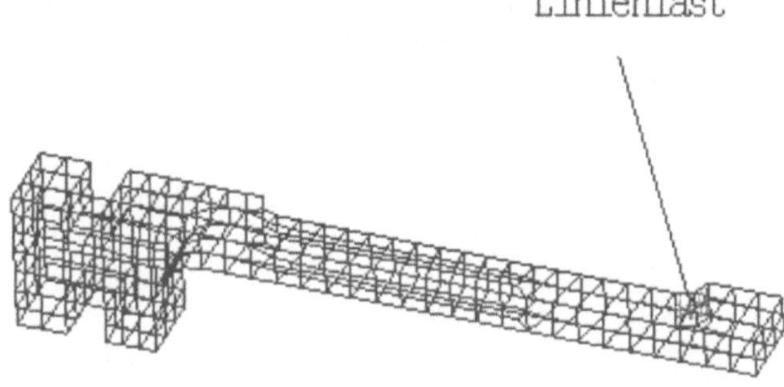

Bild 9.7 Vernetztes Modell

Speichern Sie das Volumenmodell zwischendurch ab.

Die Volumenvernetzung und die Vernetzung durch Extrusion sind unabhängig voneinander, so daß doppelte (koinzidente) Knoten in den Berührungsflächen entstehen. Diese Doppelknoten müssen gekoppelt werden. Dazu sollte ein geeigneter Zoom eingestellt werden!

Check Mesh
    Coincident Nodes

       Pick Nodes
       rechte Maustaste   **<All>**
                                       <Done>

Enter distance between nodes to be considered coincident   < 1 >
Enter method...   **Return**
Ok to list element labels? (No)   **Return**
Ok to merge coincident nodes?   **Yes**
Ok to delete nodes that have been replaced   **Yes**

Zur Kontrolle soll dieser Vorgang nochmals wiederholt werden, im IDEAS List Fenster muß dabei die Meldung **'coincident nodes : NONE'** erscheinen.

Damit ist das Netz aus Volumenelementen erzeugt.

9.4 Randbedingungen

Task
Boundary Conditions

Bei diesem Modell müssen Knotenrandbedingungen und Geometrierandbedingungen verwendet werden. Die durch Symmetrie bedingten Randbedingungen beziehen sich auf Knoten, die Lagerrandbedingungen auf Flächen (Geometrieelemente). **Bild 9.8** gibt eine Darstellung der Randbedingungen eines Ausschnitts wieder.

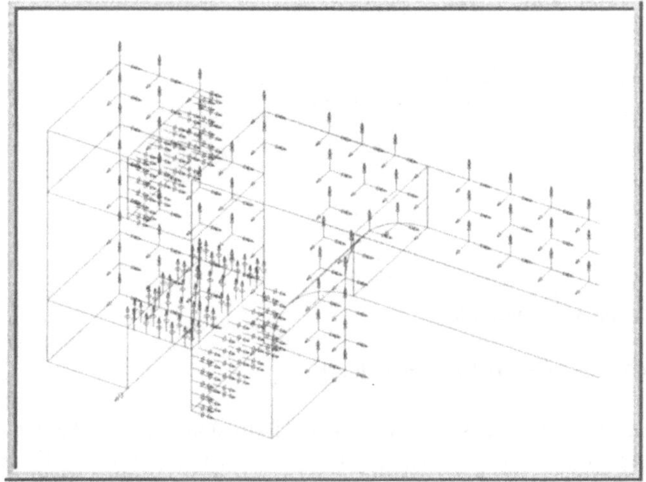

Bild 9.8 Randbedingungen

Zunächst die Symmetriebedingungen:

Darstellung in ZY- Ebene

Create
Restraint

        Pick entities
        rechte Maustaste   **Filter...**
                                           Selection Filter
                                           Node   < picken >
                                           Pick only   < picken >

Pick entities

über Fenster alle Knoten der Trennfläche selektieren, über Highlight Selection und geeignete Perspektive kontrollieren

<Done>

Displacement Restraint on Node	
Specified	< an >
Specify Restraint...	< picken >

Specified Restraint on Node		
Alle Translationen und Rotationen free, nur		
Z Translation	**Amplitude = 0**	**Type = fixed**
OK		
OK		

Die weiteren Randbedingungen werden auf geometrische Elemente angewandt, so daß auf dem Bildschirm sinnvollerweise nur Geometrie dargestellt werden muß. Die Darstellung von Elementen und Knoten erschwert die weitere Bearbeitung, so daß Elemente und Knoten in der Darstellung ausgeblendet werden sollten. Um die zu erzeugenden Randbedingungen zu sehen, ist im **FEM Display Filter** der Schalter **Restraint**s zu aktivieren.

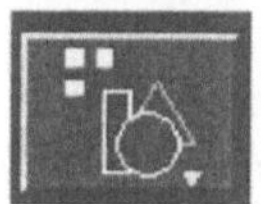

Display Options
    Display Filters

Display Filter		
Wireframe	**Visibility**	**<aus>**
Parts	**Visibility**	**<an>**
Assembly	**Visibility**	**<aus>**
Work Plane	**Visibility**	**<aus>**
FE Models...	< picken >	
	Visibility	**<All Off>**
	Restraints	**< an >**
OK		
OK		

Die Randbedingungen in der Führungsnut werden hier vereinfacht als Anlage der Führungsflächen an ein als starr angenommenes Gegenstück angesetzt. Anlageflächen, die sich in Folge der Belastung einstellen, selektieren (Flächen picken, Shift-Taste für Mehrfachauswahl).

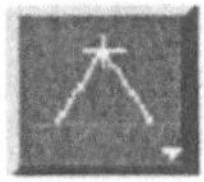

Create
    Restraint

Displacement Restraint on Surface		
X Translation	Amplitude = 0	Type = constant
Alle anderen	Amplitude = 0	Type = free
OK		

Um die vertikale Last aufzunehmen, wird vereinfachend die Führungsnutfläche unten als Auflagefläche gewählt.

Anlagefläche, die sich in Folge der Y - Last einstellt, selektieren.

Create
    Restraint

Displacement Restraint on Surface		
Y Translation	Amplitude = 0	Type = constant
Alle anderen	Amplitude = 0	Type = free
Apply (zeigt Randbedingungen an, Korrekturen noch möglich)		
OK		

9.5 Erzeugung der Lasten

Die Belastung der Lasche soll auf die Rundungskante der Paßfedernut aufgebracht werden. Da das FE - Modell in diesem Bereich nicht geometriebasiert erzeugt wurde, kann die Last nicht einfach auf die geometrische Kante bezogen werden. Dieses Vorgehen würde zu dem Fehler führen, daß die Last als nicht zum FE - Modell zugehörig behandelt würde und damit bei der Berechnung unberücksichtigt bliebe. Die Belastung muß folglich auf Knoten verteilt werden. Zur Vereinfachung sollen alle Knoten im Rundungsbereich die gleiche Y-Belastung erhalten. Die Summe aller Teilbelastungen muß dann 250 N sein.

Um die Knoten anwählen zu können, ist folgende Einstellung sinnvoll.

Display Options
  Display Filters

<table>
<tr><td colspan="3" align="center">Display Filter</td></tr>
<tr><td>Wireframe</td><td>Visibility</td><td><aus></td></tr>
<tr><td>Parts</td><td>Visibility</td><td><aus</td></tr>
<tr><td>Assembly</td><td>Visibility</td><td><aus></td></tr>
<tr><td>Work Plane</td><td>Visibility</td><td><aus></td></tr>
<tr><td>FE Models...</td><td>< picken ></td><td></td></tr>
<tr><td></td><td>Visibility</td><td><All Off></td></tr>
<tr><td></td><td>Visibility</td><td>Loads on Nodes/ ... < an></td></tr>
<tr><td></td><td>Visibility</td><td>Node   < an></td></tr>
<tr><td></td><td>Visibility</td><td>Element   < an></td></tr>
<tr><td>OK</td><td></td><td></td></tr>
<tr><td colspan="3">OK</td></tr>
</table>

View
  Zoom

      geeigneten Ausschnitt vergrößern

Die Knoten mit Lasten sollen vorselektiert werden. Rundungsknoten selektieren (Shift - Taste!)
Bei 4 selektierten Knoten ist eine Y-Kraft von 62500 mN einzugeben.

Create
  Force...

      vorausgewählte Knoten werden übernommen

<table>
<tr><td colspan="2" align="center">Force on Node</td></tr>
<tr><td>Load Set</td><td>Load Set 1</td></tr>
<tr><td>Y Force</td><td>Amplitude =-62500</td></tr>
<tr><td>Alle anderen</td><td>Amplitude = 0</td></tr>
<tr><td colspan="2">OK</td></tr>
</table>

Zoom All

9.6 Berechnung

Task
    Model Solution

Solution Set...

Rechenlauf über Parameter und Schalter wie in vorangegangenen Aufgaben einstellen.

Solve...

Rechnung ausführen

9.7 Ergebnisse

Task
    Post Processing

Die Darstellung der Ergebnisse ist bereits in früheren Übungen behandelt worden und wird hier nicht wiederholt. Sinnvoll ist eine Darstellung der Elemente, alles andere kann ausgeblendet werden. Hiermit ist die neunte Übung beendet.

ÜBUNG 10 / NETZVERFEINERUNG AM GELOCHTEN FLACHSTAB

Zielsetzung: In dieser Übung sollen Sie lernen, wie eine Netzverfeinerung bei der Modellierung vorgenommen werden kann. Als Beispiel ist wiederum der gelochte Flachstab aus Übung 4 gewählt. Die Geometrieerzeugung wird in dieser Aufgabe nicht wiederholt. Um die Variantenkonstruktion zu üben ist es sinnvoll, das Geometriemodell als variable Geometrie zu erstellen (Skizzentechnik) und dann mit den vorgegebenen Maßen zu modifizieren.

Die Lernziele dieser Übung sind:

- Die Möglichkeiten zur Beurteilung von Elementen kennenlernen.
- Die verschiedenen Steuerungsmöglichkeiten bei der automatischen Netzgenerierung erproben.
- Erprobung des Verfahrens der halbautomatischen Netzverfeinerung (Mapped Meshing)
- Durchführung der Netzverfeinerung mit dem Verfahren des „Remeshing" (Adaptive Netzverfeinerung).
- Beurteilung und Ergebnisvergleich der verschiedenen Verfahren.

Aufgabenstellung: Für den in **Bild 4.1** aus der Übung 4 dargestellten Flachstab mit Loch soll eine FE-Analyse durchgeführt werden. Bei der Erstellung der Geometrie können Sie sich an folgender Skizze orientieren:

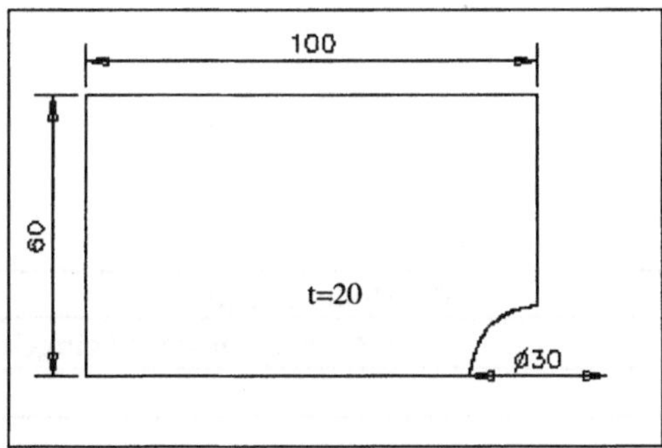

Als Belastung wird eine - auf die linke Kante verteilte Last - von insgesamt 100 kN gewählt. Dabei wird die Kraft an einer geometrische Kante (Edge) aufgebracht, der entsprechende Knotenpunkte assoziiert sind.

Nutzen Sie zur Netzerzeugung zunächst den automatischen Netzgenerator (Free Meshing). Erstellen Sie ein automatisch erzeugtes Netz mit konstanter Elementlänge. Danach soll ein automatisch erzeugtes Netz mit lokal angepaßten Elementlängen erstellt werden. Anschließend wird ein FE-Netz mit dem halbautomatischen Netzgenerator erzeugt (Mapped Meshing). Dieses Netz sollen Sie dann durch automatisches Neu-Vernetzen (Remeshing) verfeinern. Studieren Sie den Einfluß der Netzfeinheit auf das Ergebnis.

Stellen Sie die Ergebnisse der einzelnen Berechnungsvarianten übersichtlich zusammen und vergleichen Sie diese mit der **analytischen Lösung!**

LÖSUNG / ÜBUNG 10

10.1 Automatisierte Netzerzeugung mit einheitlicher Elementgröße

Das Geometriemodell muß entsprechend Übung 4 erzeugt werden und wird z.B. unter dem Namen „Kerbstabmodell" abgelegt.

Erzeugen Sie zunächst ein FE-Modell mit dem Namen „**Freeconstant**" (free meshing bei konstanter Elementlänge im gesamten Modell) auf Basis des Parts „Kerbstabmodell" und berechnen Sie dieses Modell. Wenn sie bereits auf entsprechende Lösungen aus Übung 4 zurückgreifen können, wenden Sie sich bitte dem Abschnitt 10.2 zu.

Auf der Vorderfläche des Volumens soll ein FE-Netz aus Scheibenelementen erzeugt werden. Zur Erzeugung dieses FE-Netzes mit dem automatischen Netzgenerator sollen folgende Parameter für **free meshing** eingestellt werden:

Task
    Meshing

    10b

Manage
    Create FE Model...

FE Model Create	
FE Model Name	**<z.B. „Freeconstant" eingeben>**
OK	

Zunächst definieren wir das FE-Netz, in dem wir alle notwendigen Parameter zu seiner Erzeugung einstellen.

    1a

Define
    Shell Mesh...

Pick Surfaces	**<picken Sie die zu vernetzende Fläche hier die Vorderseite des Modells>**
Pick Surfaces (Done)	**<Done>**

Define Mesh	
Mesh Type Free	**<aktivieren>**
Element Family	**<Thin Shell>**
Element Type	**<Vierknotenelement anwählen>**
Element Length	**<7>**
OK	

Anschließend wird die eigentliche Netzgenerierung vorgenommen.

1c

Generate
   Shell Mesh

Pick Surfaces	**<picken Sie die zu vernetzende Fläche>**
Pick Surfaces (Done)	**<Return>**
Ok to keep these additions? (Yes)	**<Return>**

Schließlich muß noch die Dicke der Scheibenelemente auf 20 mm festgelegt werden. Dazu gehen sie vor, wie in Abschnitt 2.3 beschrieben (Veränderung der **physical properties**). Nun müssen noch die Randbedingungen und Lasten definiert werden.

Mit Hilfe der Randbedingungen erzwingen wir nun, daß die Knoten auf der unteren Kante des geometrischen Modells nur horizontal (in X-Richtung) und die Knoten auf der rechten Kante (in Y-Richtung) nur vertikal beweglich sind: Das Anbringen von Randbedingungen auf Geometrie (Kanten) wird in Übung 4 ausführlich behandelt. Hier wird lediglich eine einfache und schnelle Zusammenfassung gegeben.

Task
   Boundary Conditions

4b

Create
   Restraint...

     Pick Nodes/Vertices/Edges/Surfaces   **<picken Sie die untere**
                                                   Kante (Edge)>

     Pick Nodes/Vertices/Edges/Surfaces (Done)   **<Return>**

Displacement Restraint on Edge	
X translation	**<„free" einstellen>** **< alle anderen Einträge auf „constant" und „0">**
OK	

Damit wurde die untere Kante mit Randbedingungen belegt. Nun folgt die gleiche Verfahrensweise für die rechte Kante:

4b

Create
   Restraint...

     Pick Nodes/Vertices/Edges/Surfaces   **<picken Sie die rechte**
                                                   Kante (Edge)>

     Pick Nodes/Vertices/Edges/Surfaces (Done)   **<Return>**

Displacement Restraint on Edge	
Y translation	**<„free" einstellen>** **< alle anderen Einträge auf „constant" und „0">**
OK	

Damit sind die Randbedingungen erzeugt.

Zur Erzeugung der Lasten bzw. Kräfte erfolgt die Zuweisung der Kraft an die geometrische Kante, die den entsprechenden Knoten assoziiert ist.

2a

Create
   Force....

Pick Nodes/Vertices/Edges/Surfaces   **<picken Sie die linke**
                                                         Kante (Edge)>

Pick Nodes/Vertices/Edges/Surfaces (Done)   **<Return>**

Pick Surfae to set directio of forces on edge   **<picken Sie die vordere Fläche>**

Force on Edge	
Total Force	**<aktivieren>**
In Plane Force	**<-1e8/2>**
OK	

Beachten Sie, daß zur Eingabe der Kraft auf die Option „Total Force" umgeschaltet werden muß!

Das FE-Netz samt Randbedingungen und Lasten sollte jetzt aussehen, wie in Bild 10.1 dargestellt.

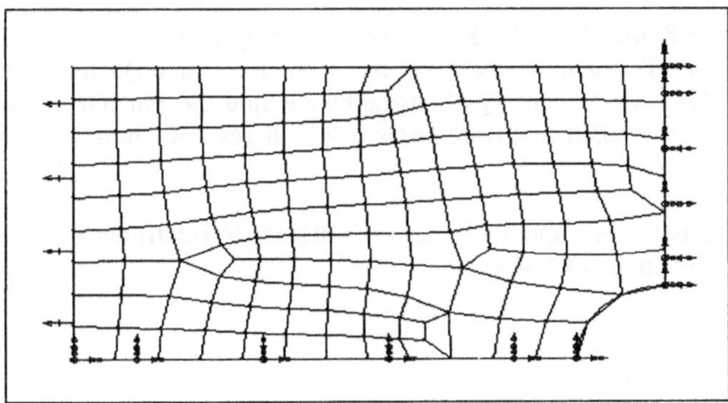

Bild 10.1 automatisiert erzeugtes FE-Netz (free meshing)

Sie sollten jetzt dieses Modell berechnen und die ermittelten Werte in die Tabelle eintragen. Die Ergebnisse der Berechnung sollten qualitativ so aussehen, wie in Bild 10.2 dargestellt. Es handelt sich bei dieser Darstellung um eine Isoliniendarstellung.

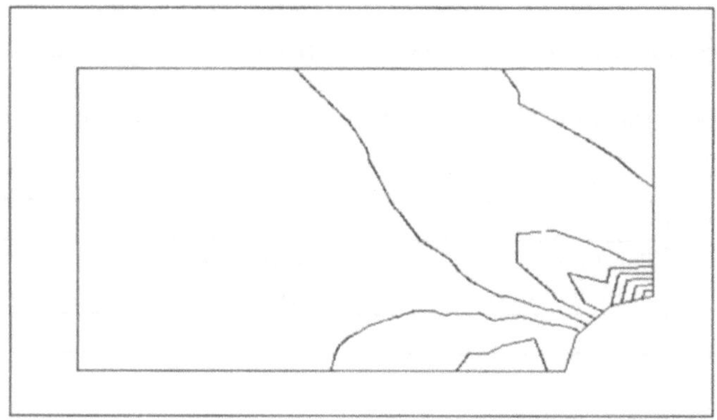

**Bild 10.2 Vergleichsspannungen bei Vernetzung
mit konstanter Elementlänge (Isoliniendarstellung)**

10.2 Möglichkeiten zur Beurteilung des FE-Netzes („Quality Checks")

Das Ergebnis einer Finite-Elemente-Berechnung hängt auch von der Qualität der erzeugten finiten Elemente ab. Zwei wesentliche Qualitätsmerkmale sind die inneren Winkel und die Seitenverhältnisse der Elementkanten. Beide Größen sollten gewisse Grenzwerte nicht über- bzw. unterschreiten.

Die **inneren Winkel (Distortion)** und die **Seitenverhältnisse (stretch)** der Elemente können mit folgendem Icon-Befehl untersucht werden:

2b

Pick elements   **<Elemente anwählen>**
Pick elements (Done)   **<Return>**

Es erscheint dann folgende Eingabeform:

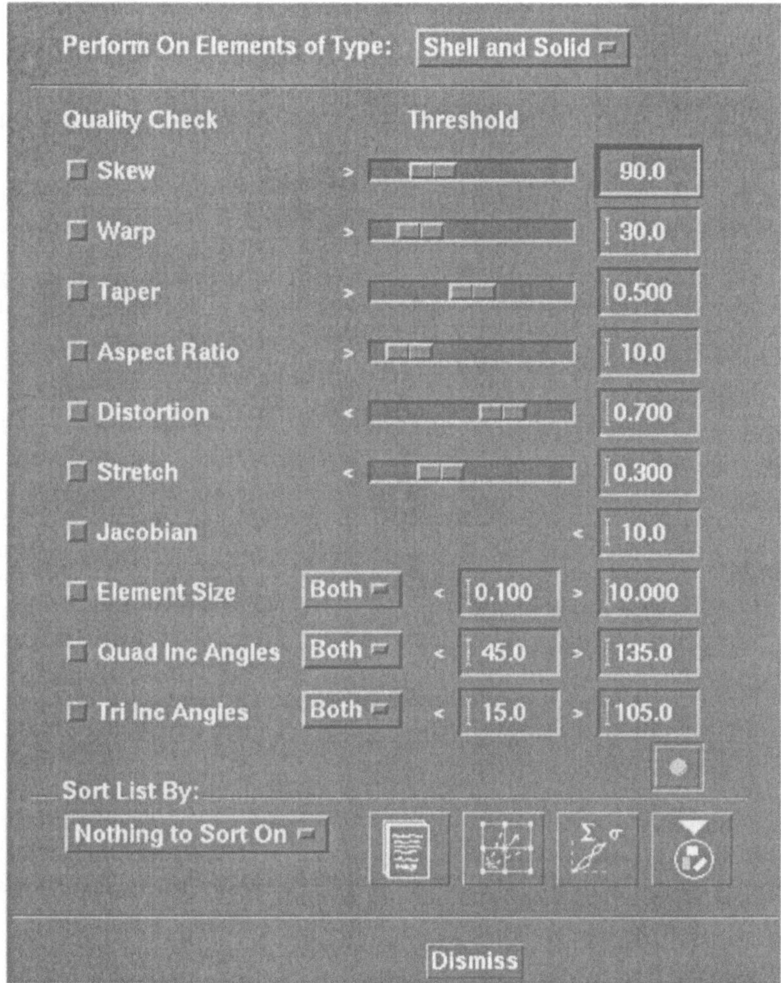

Durch Einschalten der Optionen **Distortion** und **Stretch** wird ein Test im Hinblick auf diese Kriterien durchgeführt. Dabei gelten die Grenzwerte, die in den entsprechenden Eingabefeldern aufgeführt sind. Der Test wird durchgeführt und die entsprechenden Werte werden angelistet, wenn der linke der vier unteren Icons betätigt wird. Mit dem am weitesten rechts stehenden Icon werden jene Elemente, die den Test *nicht* bestanden haben zu einer Gruppe (group) zusammengefaßt.

Statt des Icon-Befehles können auch folgende Befehle im Menü gewählt werden:

Check Mesh
> **Distortion**

bzw.

Check Mesh
        Stretch

Je näher die Test-Eingabewerte für die „Distortion" bei 1.0 liegen, um so schärfer ist das Kriterium für die Elementqualität.

Die Nachteile der durchgeführten Vernetzungstechnik sind:

- Die Elemente im Bereich der Spannungskonzentration (siehe die Ergebnisse Übung 4) sind geometrisch zu groß. Das Mitteln der Spannung über die Elemente „verharmlost" dabei die Spannungskonzentration.

- Die Elemente die im Bereich geringer Spannungen liegen, können im Prinzip größere Abmessungen haben. Die Vielzahl der Elemente in diesem Bereich erhöht den Rechenaufwand und führt zu keinem genaueren Ergebnis.

Aus diesem Grund wird nun ein verbessertes FE-Netz erzeugt. Das Ziel dieser neuen Vernetzung ist es, eine feinere Teilung im Bereich hoher Spannungsgradienten zu erhalten. Im Bereich kleinerer Spannungen wird eine relativ grobe Vernetzung umgesetzt. Besondere Sorgfalt wird auf eine gute Elementqualität im Hinblick auf **Distortion** und **Stretch** gelegt.

10.3 Automatisierte Netzerzeugung mit örtlicher Netzverfeinerung
Zur Durchführung dieses Verfahrens sind folgende Arbeitsschritte erforderlich:
- Zunächst wird ein neues FE-Modell angelegt.
- Die mittlere Elementlänge zur Durchführung des „free meshing" wird verändert.
- Eine örtliche (lokale) Netzverfeinerung wird definiert.

Wir wechseln wieder in den **Meshing Task**. Zunächst muß ein neues FE-Modell erzeugt werden:

10b

Manage
      Create FE Model...

FE Model Create	
FE Model Name	< „Freelocal" eingeben>
OK	

Um eine automatische Vernetzung durchführen zu können, muß zunächst einmal die zu vernetzende Fläche und die Art der Vernetzung festgelegt werden:

 **1a**

Define
   Shell mesh...

    Pick surface   **<picken sie die zu
                                                    vernetzende Fläche>**

    Pick surface   **<Done>**

Define Mesh	
Mesh Type Free	**<aktivieren>**
Element Family	**<Thin Shell>**
Element Type	**<Vierknotenelement anwählen>**
Element Lenght	**<15>**
OK	

Nun kann die Festlegung der Steuerparameter zur lokalen Netzverfeinerung durchgeführt werden:

Define
   Free Length Sw   **<On>**

 **1a**

Define
   Free Local Length

    pick Vertices/Edges   **<Punkt (Vertex)
                                                    oder Linie picken>**

    pick Vertices/Edges   **<Done>**

Wenn Sie einen Punkt (Vertex) ausgewählt haben, erscheint die Aufforderung:

    Enter locel element length for last .. Points selected

hier kann die **örtliche mittlere Elementlänge** (z.B. in mm) angeben werden.

Wenn eine Linie (Edge) angeklickt wurde, kann entweder auf die Aufforderung

Enter number of elements on edge

hin die **Anzahl der Elemente auf dieser Linie** oder nach Auswahl des Menüpunktes „Element Length at Point" die Elementlänge an einem Ende der Linie vorgegeben werden.

Diese letzte Einstellung örtlicher Elementlängen soll im folgenden Abschnitt erprobt werden. Die lokale Elementlänge am Punkt der maximalen Spannung soll mit 3 mm vorgegeben werden. Die Elementlänge am anderen Ende des Kreisbogens soll zu 8 mm definiert werden.

Dann kann man sich das Netz, das mit diesen Parametern erzeugt werden kann, im voraus anzeigen lassen (preview mesh). Sie erhalten ein Finite-Elemente-Netz nach Bild 10.3.

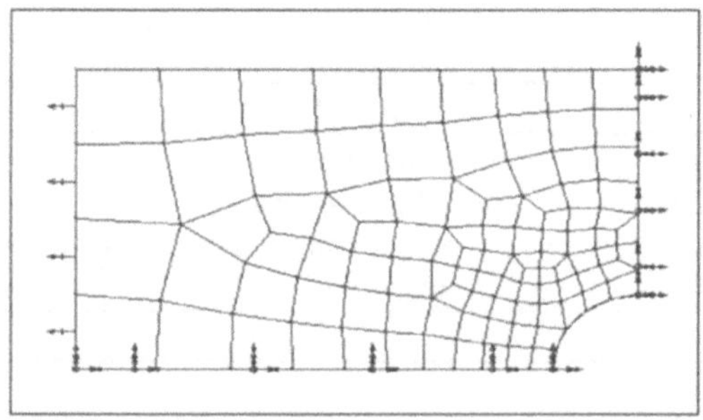

Bild 10.3 Automatisiert erstelltes FE-Netz mit lokaler Netzverfeinerung

Anschließend wird das so definierte FE-Netz erzeugt:

Generate
    Shell Mesh

    Pick Surfaces   **<picken Sie die zu vernetzende Fläche>**

    Pick Surfaces (Done)   **<Return>**

    Ok to keep these additions? (Yes)   **<Return>**

Nach dem Festlegen der Randbedingungen und Lasten im Boundary Conditions - Task berechnen Sie nun das Bauteil und tragen das Ergebnis in die Tabelle ein. Durch die Verfeinerung des FE-Netzes im Bereich der Kerbe wird eine sehr hohe Übereinstimmung mit dem Wert erzielt, der durch die geschlossene Lösung berechnet werden kann (siehe Aufgabe 4).

10.4 Vernetzung mit Mapped Meshing (halbautomatisches Vernetzen)
In diesem Abschnitt soll das Vernetzen mit „Mapped Meshing" erläutert werden.

Task
    Meshing

Erzeugen Sie ein FE-Modell mit dem Namen „Mapped" auf Basis des Parts „Kerbstabmodell".

10b

Manage
    Create FE Model...

FE Model Create	
FE Model Name	<z.B. „Mapped" eingeben>
OK	

Danach können die Parameter des FE-Netzes eingegeben werden.

Anmerkung: Die Eingabe der Parameter verlangt auch das Auswählen grafischer Objekte. Daher werden die Eingabefenster zwischenzeitlich geschlossen. Wenn die Auswahl der grafischen Objekte beendet ist, werden diese Eingabefenster wieder am Bildschirm sichtbar. Sie erkennen dies in dieser Übungsanleitung daran, daß die Überschriften der Eingabefenster dann eingeklammert sind.

1a

Define
    Shell mesh...

    Pick Surfaces   **<zu vernetzende Fläche picken>**
    Pick Surfaces(Done)   **<Done>**

Define Mesh	
Mesh Type Mapped	<aktivieren>
Element Family	<Thin Shell>
Element Type	<Vierknotenelement anwählen>
Mapped Options ...	<anklicken>

Mapped Meshing Options	
Define Corners	<anklicken>

Pick any 3 or 4 among highlightes vertices   **<Punkt 1[*] anklicken>**

Pick any 3 or 4 among highlightes vertices(Done) **<Shift - Taste gedrückt halten und Punkt 2[*] anklicken>**

Pick any 3 or 4 among highlightes vertices(Done) **<Shift - Taste gedrückt halten und Punkt 3[*] anklicken>**

Pick any 3 or 4 among highlightes vertices(Done) **<Shift - Taste gedrückt halten und Punkt 4[*] anklicken>**

Die Reihenfolge der anzuklickenden Punkte entnehmen Sie bitte Bild 10.5:

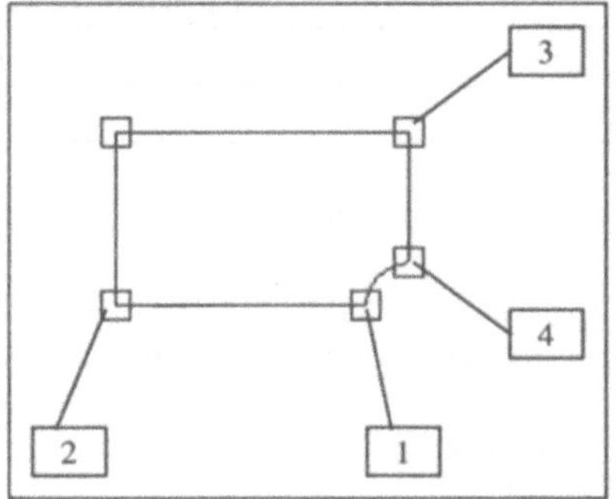

**Bild 10.5 Anzuklickende Punkte bei Mapped Meshing
Options - Define Corners**

(Mapped Meshing Options)
Define Elements/Side   **<anklicken>**

Enter number (>1) of elements for highlighted sides   **<15>**

Select Menue (Done)   **<Done>**

Enter number (>1) of elements for highlighted sides   **<10>**

Select Menue (Done)   **<Done>**

(Mapped Meshing Options)
Define Biasing End   **<anklicken>**

Pick Edges	**<Rechte Körperkante oberhalb des Kreisbogens wählen>**
Pick Edges (Done)	**<Shift - Taste gedrückt halten und untere Körperkante links des Kreisbogens wählen>**
Pick Edges (Done)	**<Done>**
Pick starting end of edge	**<Punkt der Linie am Kreisbogen anklicken>**
Enter bias	**<6>**
OK to continue (Yes)	**<Yes>**
Pick starting end of edge	**<Punkt der Linie am Kreisbogen anklicken>**
Enter bias	**<6>**
OK to continue (Yes)	**<Yes>**

(Mapped Meshing Options)
Dismiss

(Define Mesh)
OK

Damit sind die Parameter für Mapped Meshing eingestellt. Hierzu noch einige erläuternde Worte.

Die Fläche hat 4 gerade Kanten und einen Kreisbogen als Randkurven. Mapped Meshing verlangt aber 4 Kanten, jeweils 2 Kanten mit entsprechenden Gegenseiten. Deshalb ist in unserem Fall das Zusammenfassen von Kanten erforderlich. Die bei Define Corners zu pickenden Vertices begrenzen die Kanten. Hier ist das Zusammenfassen der beiden dem Kreisbogen gegenüberliegenden Kanten sinnvoll. Daher wurden die in Bild 10.4 vorgeschlagenen Vertices als „Corners" gepickt.

Bei Define Elements/Side wurden für den Kreisbogen, und die gegenüberliegenden Seiten 15 Elemente pro Kante angegeben. Dadurch, daß die linke und obere Körperkante als eine zusammenfassende Kante definiert wurden, werden auch auf diesen beiden Seiten insgesamt 15 Elemente untergebracht und aufgeteilt, deshalb finden sich, wie in Bild 10.5 gezeigt auf der linken Seite 6 und auf der oberen Kante 9 Elemente.

Die Anzahl der Elemente auf den anderen Seiten wird auf 10 festgelegt. Insgesamt ergeben sich somit die in Bild 10.6 dargestellten Parameter:

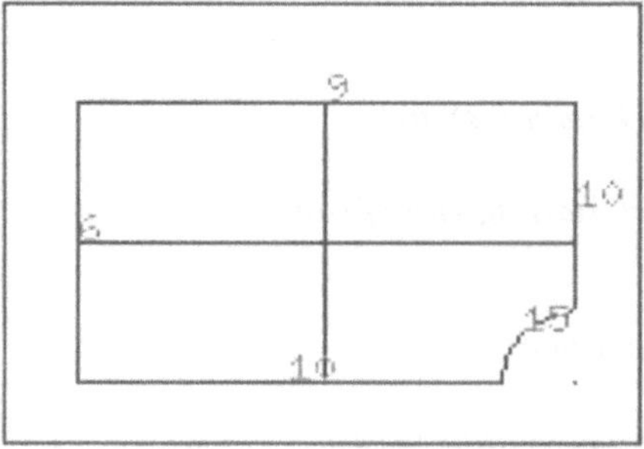

Bild 10.6 Erläuterung der Mapped Meshing Options

Nachdem die entsprechenden Parameter eingestellt sind, kann nun das Netz betrachtet und ggf. erzeugt werden.

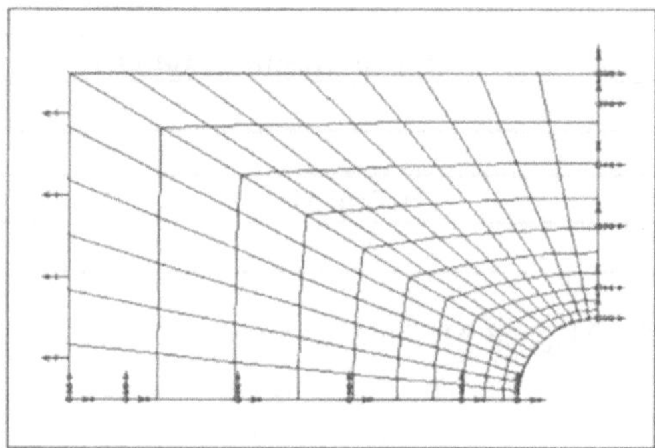

Bild 10.7 Mit „mapped meshing" erstelltes FE-Netz

Vervollständigen sie nun bitte das FE-Modell und führen Sie die Berechnung durch. Tragen Sie den Ergebniswert in die Tabelle ein.

10.5 Vernetzung mit Remeshing (Adaptive Netzverfeinerung)
In diesem Aufgabenteil soll die automatische Netzanpassung mit „Remeshing" erläutert werden.

Task
   Meshing

Bei der adaptiven Netzverfeinerung wird vom Programm selbständig das vorhandene FE-Netz verfeinert. Hierzu müssen Ergebnisse vorliegen. Wir werden die Parameter so einstellen, daß der Remesh-Prozeß auf diese Ergebnisse zurückgreift und das Netz an die Ergebnisse derart anpaßt, daß das Netz an Stellen großer Spannungsgradienten (d.h. großer Spannungsänderungen über dem Weg) verfeinert und an Stellen kleiner Spannungsgradienten grober wird.

Wir gehen dabei von jenem FE-Modell aus, das wir in der ersten Teilaufgabe (Abschnitt 10.1) erzeugt und berechnet haben.

Zunächst sollen Einstellungen für das Remeshing vorgenommen werden:

3b

Modify
   Adaptive Settings...

Adaptive Meshing Settings	
Basis for Modification	**<Analysis Results from Viewport aktivieren >**
	<Viewport Nr. 1 eintragen>
Select Results...	**<anklicken>**

Results Selection	
..., Strain Energy, ...	**<anklicken und per Pfeil zu Selected Results übertragen>**
OK	

(Adaptive Meshing Settings)	
Move Nodes	**<aktivieren>**
Remesh	**<aktivieren>**
OK	

Jetzt kann die adaptive Netzverfeinerung durchgeführt werden.

3b

Modify
   Remesh

     pick Nodes   **<ohne Auswahl Done>**

     Select option   **<"Begin Adaptive Meshing" wählen>**

     Select option   **<"Sketch Current On Old" wählen>**

Wenn Sie mit dem veränderten Netz nicht zufrieden sind, so wählen Sie „Quit Without Mesh". Sonst erzeugen Sie ein neues FE.Modell mit dem so generierten Netz:

     Select option   **<"Write To New Model An" wählen>**

     Enter name of new FE Model   **<z.B. „Remeshed" eingeben>**

Nun muß das erzeugte Modell auf die Werkbank (workbench) geholt werden:

     10b

Manage
    Get ...

Get	
„Remeshed"	**<anklicken>**
OK	

Das durch Remeshing entstandene Netz sollte etwa so aussehen, wie in Bild 10.9 dargestellt.

Beachten Sie, daß das Netz im Bereich großer Spannungsänderungen (am Kreisbogen) dichter geworden ist. Dahingegen ist die mittlere Netzlänge an anderen Stellen gleich geblieben.

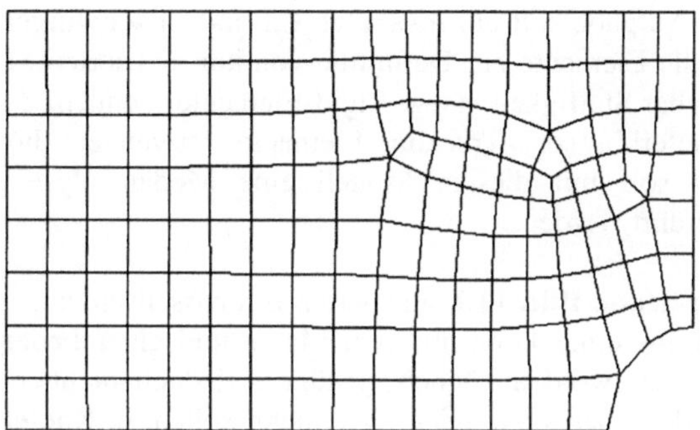

Bild 10.9 Netzerzeugung durch Remeshing

Berechnen Sie nun das Modell und notieren Sie das Ergebnis. Damit ist die 10. Übung beendet.

VERTIEFUNGEN UND PROJEKTAUFGABEN
ÜBUNG 11 / SCHWINGER MIT EINEM FREIHEITSGRAD

Zielsetzung: In dieser Aufgabe soll ein **diskreter Einmassenschwinger** modelliert werden. Sie lernen dabei spezielle Elemente zur Definition von konzentrierten Massen, Federn sowie Elemente mit „unendlicher Steifigkeit" (sog. Rigid-Elemente) kennen. Zur Visualisierung der Ergebnisse werden weiterhin sog. Traceline-Elemente verwendet, die physikalisch keine Wirkungen haben. Es soll mit diesem Modell eine Modalanalyse zur Ermittlung der Eigenfrequenz durchgeführt werden.

Aufgabenstellung: Für den in **Bild 11.1** skizzierten Einmassenschwinger soll ein FE-Modell aufgebaut werden, das aus einer konzentrierten Masse und einer Feder besteht. Damit die Verschiebungen visualisiert werden können, genügt es jedoch nicht, nur zwei Knoten zur Definition des FE-Modells zu verwenden. Vielmehr sollen 6 Knoten (siehe Bild 11.1) verwendet werden. Die zusätzlichen Knoten sollen die gleichen Verschiebungen wie der Freiheitsgrad (Massenpunkt) aufweisen. Um dies zu erreichen, werden diese Knoten mit Hilfe von sog. Rigid-Elementen von dem Knoten kinematisch abhängig gemacht, dem die Masse zugeordnet ist.

Führen Sie eine Modalanalyse durch und erstellen Sie schließlich eine bewegte Darstellung (Trickfilm, animation) des Schwingers. Vergleichen Sie die ermittelte Eigenfrequenz mit der analytischen Lösung. Die Steifigkeit der Feder soll 9 N/mm und die Masse 30 kg betragen.

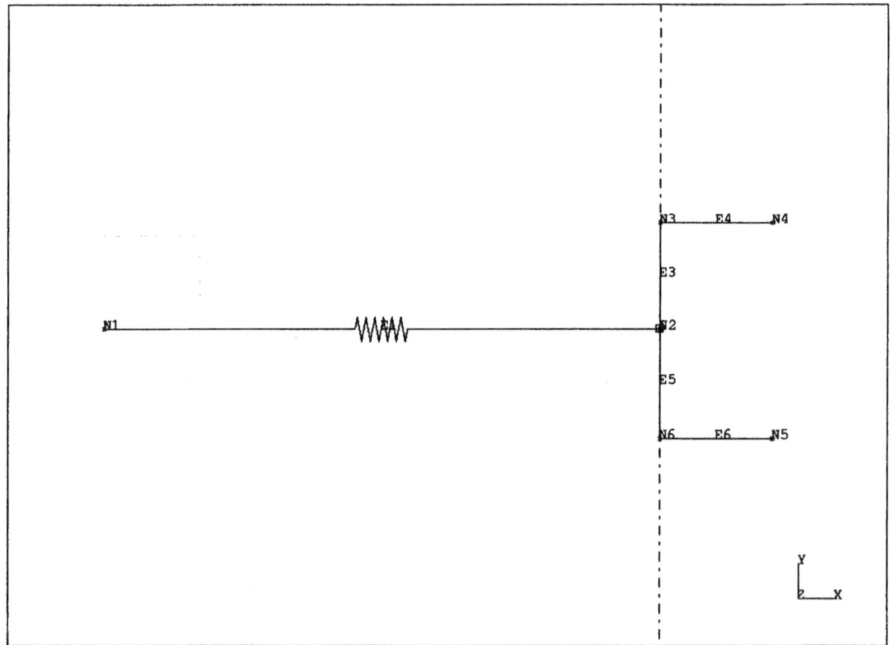

Bild 11.1 Einmassenschwinger (FE-Modell)

LÖSUNG / ÜBUNG 11

11.1 Erzeugung von Knoten und diskreten Elementen (Masse und Feder)

Zunächst werden die Knoten erzeugt (siehe auch Aufgabe 1.1):

4a

Node
    Create...

Enter X,Y,Z (0,0,0)	**<0**	**0**	**0**	**Return>**
"	**<100**	**0**	**0**	**Return>**
"	**<100**	**20**	**0**	**Return>**
"	**<120**	**20**	**0**	**Return>**
"	**<120**	**-20**	**0**	**Return>**
"	**<100**	**-20**	**0**	**Return>**
"	**<Done>**			

Im nächsten Schritt wird das Federelement und der Massenpunkt erzeugt. Diese Elemente sind Sonderelemente (diskrete Elemente):

4b

Element
    Create...

Element	
Element	**<other aktivieren>**
Element Family	**<Spring (Feder) einstellen>**
Element Type	**<Translationsfeder aktivieren>**
OK	

    Pick Nodes   **<picken Sie die beiden Knoten 1 und 2 nach Bild 11.1>**

Damit wurde die Feder erstellt.

Auf ähnliche Weise wird nun der Massenpunkt erzeugt:

4b

Element
    Create...

Element	
Element	**<other aktivieren>**
Element Family	**<Lumped Mass (Masse) einstellen>**
OK	

Pick Nodes   **<picken Sie den Knoten 2 nach Bild 11.1>**

Damit wurde der Massenpunkt erstellt. Nun werden die Knoten N3, N4, N5 und N6, die noch mit keinem Element verbunden sind und auf die damit keine Steifigkeit entfällt, vom Knoten N2 kinematisch abhängig gemacht. Dies geschieht mit Hilfe von sogenannten Rigid-Body-Elementen („rigid-elements"):

4b

Element
    Create...

Element	
Element	**<other aktivieren>**
Element Family	**<Rigid einstellen>**
Element Type	**<Element mit zwei Anschlußknoten einstellen>**
OK	

Pick Nodes   **<N2 mit N3, N3 mit N4, N2 mit N6 und N6 mit N5 verbinden (siehe Bild 11.1)>**

11.2 Eingabe der physikalischen Eigenschaften (Masse und Steifigkeit)

Wir wollen nun den im Abschnitt 11.1 erzeugten Elementen die physikalischen Parameter zuweisen. Hierzu ermitteln wir zunächst die Namen der physikalischen Eigenschaften der so erstellten Elemente:

 **8b**

Element
    List

> *Pick Elements*   **<picken Sie die Feder und die Masse an. Es werden die Namen der „physical properties" angelistet.>**

Nun sollen die Parameter (Steifigkeit und Masse) der erzeugten Elemente eingegeben werden. Wir zeigen dies nur für die Feder! Beachten Sie bei der Eingabe der Parameter die Einheiten (z.B. Millinewton!).

 **5b**

Physical Properties
    Modify

> *Enter physical prop name or no. (Directory)*   **<TRANSLATIONAL SPRING...>**

> *Enter property name or no. (Directory)*   **<Directory>**

> *Enter property name or no.*   **<KTRA TRANSLATINAL STIFFNESS>**

> *Enter 1st value for translational stiffness (1.0)*   **<9000.>**

> *Enter 2nd value for translational stiffness (0.0)*   **<Return>**

> *Enter 3rd value for translational stiffness (0.0)*   **<Return>**

> *Enter property name or no.*   **<Done>**

> *OK to modifiy physical property tables? (Yes)*   **<Return>**

Damit ist die Steifigkeit der Feder eingegeben. Geben Sie nun die Masse des Schwingers ein.

11.3 Eingabe des „Boundary Condition Sets" und der Randbedingungen

Zur Durchführung einer Modalanalyse wird ein spezielles Boundary Condition Set benötigt:

Tasks
> **Boundary Condition**

Boundary Condition...

Boundary Condition Set Management	
Linear Statics	<umstellen auf „Normal Mode Dynamics - SVI">
Restraint Set	<aktivieren>
OK	

Die Erzeugung der Randbedingungen wird nicht gezeigt. Hier kann entsprechend dem Abschnitt 1.9 verfahren werden. Für den am weitesten links liegenden Knoten 1 sollen alle Freiheitsgrade gesperrt werden. Alle anderen Knoten sollen sich nur horizontal (also in X-Richtung) verschieben können.

11.4 Durchführung der Modalanalyse

Wir wollen nun die Eigenfrequenz des Einmassenschwingers ermitteln. Hierzu führen wir einen Berechnungslauf durch:

1a

Solution Sets...

Manage Solution Set	
Create...	<anklicken>

Molution Set	
Description	<„Modalanalyse" eintragen>
Type of Solution	<Normal Mode Dynamics - SVI>
Options...	<anklicken>

Solution Options	
Solution Control...	<anklicken>

Solution Control	
Number of flexible modes	<1>
OK	

<table>
<tr><td colspan="2" align="center">Solution Options</td></tr>
<tr><td>OK</td><td></td></tr>
</table>

<table>
<tr><td colspan="2" align="center">Solution Set</td></tr>
<tr><td>OK</td><td></td></tr>
</table>

<table>
<tr><td colspan="2" align="center">Manage Solution Set</td></tr>
<tr><td>Dismiss</td><td></td></tr>
</table>

Anschließend starten wir die Berechnung mit **Solve...**　　　　**2a**

11.5 Erzeugung von Traceline-Elementen und Animation

Nach erfolgreich durchgeführter Berechnung müssen vor dem Postprocessing sogenannte Traceline-Elemente definiert werden, da die diskreten Elemente (Feder und Masse) nicht vom Postprocessor unterstützt werden.

Tasks
  Meshing

Element
  Trace Lines
    Create...
OK

  Pick Nodes   **<verbinden Sie die horizontal verschieblichen Knoten mit Trace Lines in der Reihenfolge N2, N3, N4, N5, N6 siehe Bild 11.1>**

Nun kann die bewegte Darstellung (Animation) im Postprocessing Task durchgeführt werden. Wir wählen hierzu die Verschiebungen zur Darstellung aus bzw. die Contour-Darstellung wird deaktiviert.

  1a

Results
  Select Results...

Results Selection	
Display Results	**<Clear>**
OK	

3a

Animate Results
      Execute

      Pick Elements/Trace Lines   **<Return>**

Mit der rechten Maustaste (RMT) können Sie nun ein verdecktes Menue öffnen mit dem z.B. die Geschwindigkeit der Darstellung eingestellt werden kann. Weiterhin kann mit diesem Menue die Animation wieder gestoppt werden. Im Graphikbereich wird die ermittelte Eigenfrequenz ausgegeben. Sie beträgt 2,756 Hz.

Damit ist die 11. Übung beendet. Zu dieser Aufgabe gibt es eine Erweiterung, die Sie über die im Anhang angegebene Internet-Adresse auf elektronischem Weg kopieren können. Es handelt sich dabei um die Ermittlung der Frequenzgänge des Einmassenschwingers, wenn dieser mit einer frequenzabhängigen Kraft beaufschlagt wird.

ÜBUNG 12 / VERFORMUNGEN EINER BREMSSCHEIBE

12.1 Aufgabenstellung

Es soll ein Volumenmodell und ein Finite-Elemente-Modell einer Bremsscheibe erstellt werden. Mit dem FE-Modell ist anschließend eine Eigenschwingungsanalyse und eine Temperaturspannungsanalyse durchzuführen.

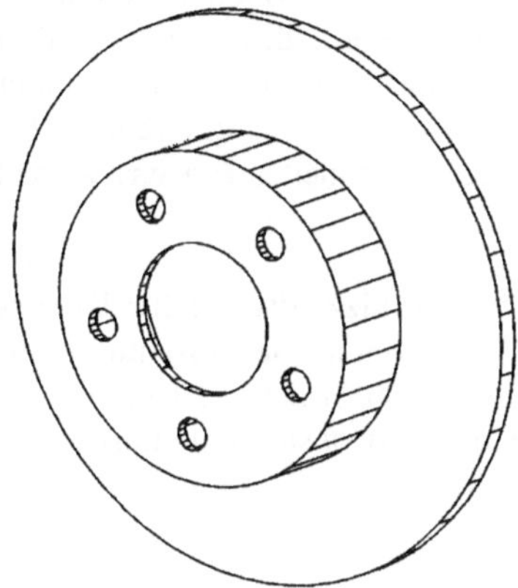

Bei den Berechnungen soll davon ausgegangen werden, daß die Scheibe in den Bohrungen durch die Verschraubung fixiert, d.h. fest eingespannt ist. Die Freiheitsgrade der Knotenpunkte an den Mantelflächen der Bohrungen sind entsprechend festzulegen.

Mit Hilfe der Eigenschwingungsanalyse (Modalanalyse) werden die Eigenfrequenzen und die Eigenformen der Bremsscheibe ermittelt. Hierzu ist neben der Kenntnis der Materialkennwerte die richtige Modellierung der Randbedingungen notwendig. Eine Belastung (Last, Kraft) wird hierzu nicht benötigt. Es sollen die ersten sechs Eigenfrequenzen und Eigenformen ermittelt werden. Das Analyseverfahren ist „Normal Mode Dynamics – SVI".

Zur Durchführung der Temperaturspannungs- und Verformungsanalyse wird die Bremsscheibe mit einer Temperatur beaufschlagt. Dabei wird angenommen, daß durch einen Bremsvorgang bedingt, die Temperatur der Scheibe von Umgebungstemperatur um 500° C zunimmt. Diese Temperaturerhöhung hat Verformungen der Scheibe sowie entsprechende Spannungen zur Folge. Die Temperatur entspricht bei dieser Analyse der äußeren Belastung. Das Analyseverfahren ist „Linear statics".

Da die Bremsscheibe aus einem Gußwerkstoff hergestellt wird, werden folgende Materialkennwerte zugrunde gelegt:

E-Modul:	**140000**	**N/mm^2**
Querkontraktionszahl:	**0,25**	
Dichte:	**7,2e-6**	**kg/mm^3**
Ausdehnungskoeffizient:	**9e-6**	**1/°K**

12.2 Erstellen eines geometrischen Modells der Bremsscheibe (Volumenmodellierung)

Zunächst erstellen wir ein geometrisches Modell der Bremsscheibe im Master Modeler von IDEAS. Wir vernachlässigen dabei alle Fasen und Nuten, die die reale Bremsscheibe aufweist. Durch die Berücksichtigung dieser Details würde das zu erstellende FE-Netz im Bereich der Fasen und Nuten unnötig fein und die Anzahl der Knotenpunkte und Elemente würde damit sehr groß werden. Für die von uns angestrebte Eigenschwingungs- und Temperaturspannungsanalyse spielen diese Feinheiten zunächst keine Rolle.

Drahtgeometrie definieren

Wir beginnen damit, die in der folgenden Skizze dargestellte Drahtgeometrie einzugeben. In der Folge werden wir die so erzeugte Kontur (Section) mit Hilfe der Funktion **Drehen (Revolve)** in ein Volumen überführen. Zu der in Bild 12.1 gezeigten Drahtgeometrie müssen noch geometrische Zwangsbedingungen (Constraints) hinzugefügt werden, damit die Geometrie eindeutig bestimmt ist.

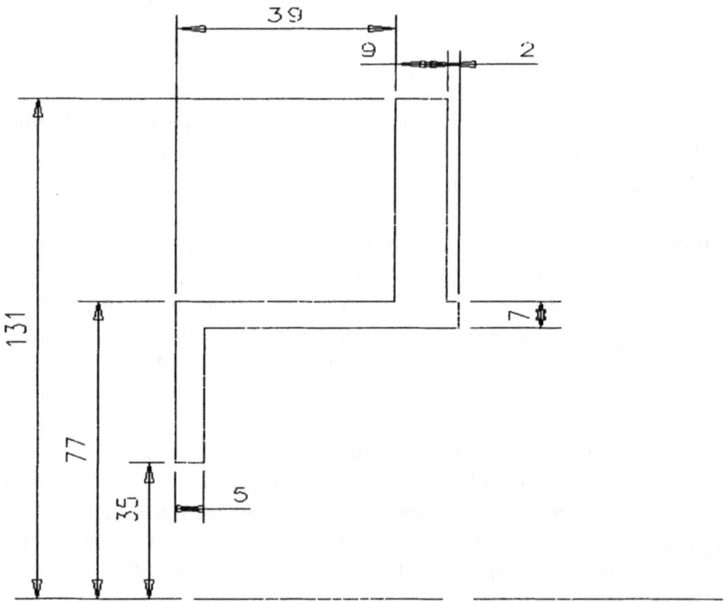

Bild 12.1: Drahtgeometrie der Bremsscheibe

Das Basisfeature der Bremsscheibe erzeugen
Wir erzeugen nun das sogenannte Basisfeature der Bremsscheibe (Bild 2). Das Basisfeature ist
das grundlegende Formelement mit dem die Volumenmodellierung beginnt. Hierzu wird die
Funktion Drehen (Revolve) verwendet. Wir erhalten dann das in Bild 12.3 gezeigte
Basisformelement.

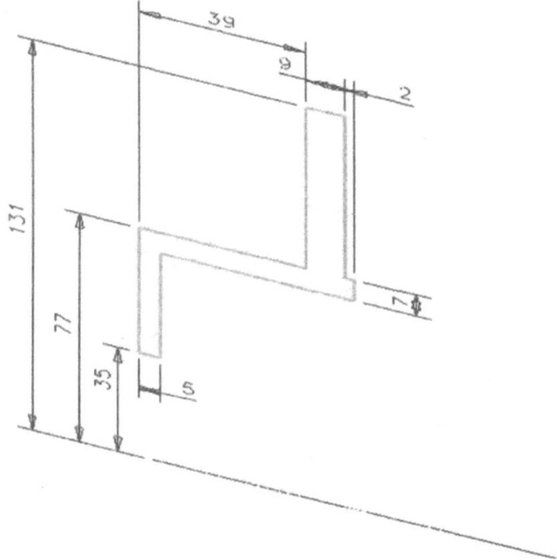

Bild 12.2: Drehen (Revolve) der grau gezeichneten Kontur (Section)

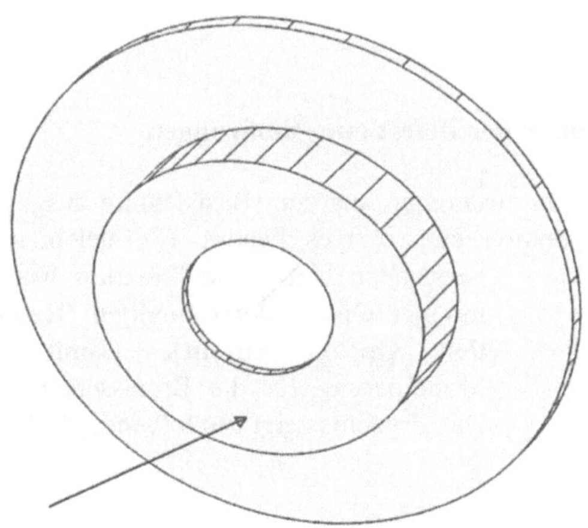

Bild 12.3: Basisfeature (Basisformelement) der Bremsscheibe

Die Befestigungsbohrungen erzeugen
Die Bremsscheibe benötigt fünf Bohrungen zur Befestigung. Um diese Bohrungen zu erzeugen, wählen wir zunächst die in Bild 12.3 durch den Pfeil markierte Fläche zur Skizzierebene (sketch in place). Anschließend skizzieren wir einen Kreis mit einem Durchmesser von 15 mm, der auf einer senkrechten Linie im Abstand von 55 mm von der Drehachse liegt (Bild 12.4). Durch rotatorisches Kopieren bzw. Duplizieren dieses Kreises erhalten wir vier weitere Kreise.

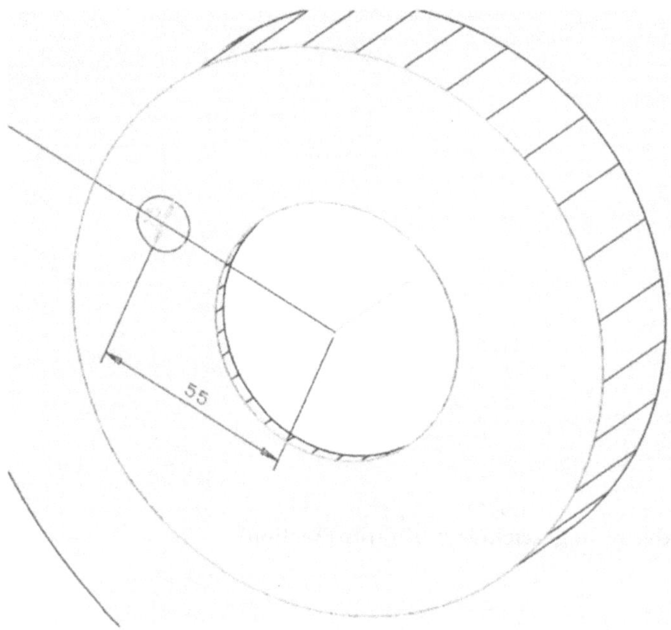

Bild 12.4: Drahtgeometrie zur Erzeugung der Befestigungsbohrungen

Die so erzeugten fünf Kreise werden nun zusammen aus dem Basisfeature ausgeschnitten. Auf diese Art ergibt diese Schnittoperation ein einziges Feature (Formelement). Wir verwenden hierzu die Funktion **Extrudieren** mit der Option **Ausschneiden (Extrude mit der Option cutout).** Damit ist die Modellierung für die Bremsscheibe beendet. Das Ergebnis zeigt das folgende Bild 12.5.

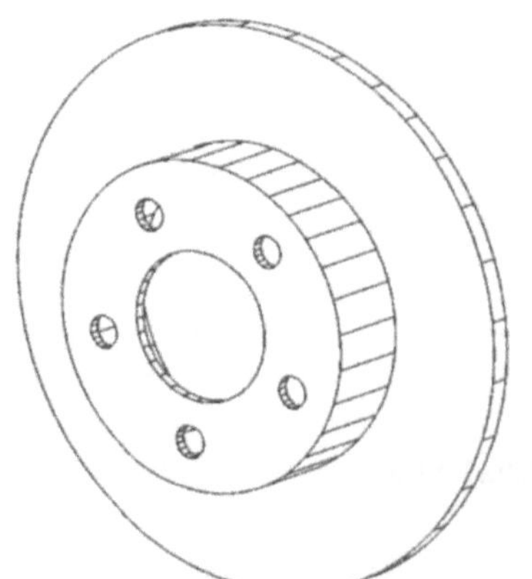

Bild 12.5: Volumenmodell der Bremsscheibe

12.3 Durchführung der Berechnung mit der Finite-Elemente-Methode

Festlegung der Randbedingungen und der Temperaturen
Zur Festlegung der Randbedingungen benennen wir das im vorigen Abschnitt erzeugte Teil (part). Anschließend wechseln wir aus dem Master Modeler in den Boundary Conditions Task von IDEAS. Zunächst muß ein dem geometrischen Teil zugeordnetes Finite-Elemente-Modell (Finite-Elemente-Netz) erzeugt werden. Wir erreichen dies mit dem Befehl **Create FE-Model...** . Dabei aktivieren wir die Option **„Geometry Based Analysis Only"**. Dies bedeutet, daß Lasten und Randbedingungen auf rein geometrischer Basis erzeugt und erklärt werden müssen. Schließlich vergeben wir einen Namen für das zu erzeugende FE-Modell, z.B. **„FreeMesh1"**.

Zur Erzeugung der Randbedingungen benutzen wir das Kommando **Create Restraint (Displacement Restraint)**. Über die rechte Maustaste erreichen wir das Filter-Untermenü und wählen **„Surfaces"** aus. Schließlich greifen wir die Mantelflächen der fünf Bohrungen, um diese zu fixieren. Die Translationen der – noch zu erzeugenden Knotenpunkte – werden gesperrt. Die entsprechenden Rotationen werden jedoch nicht beeinflußt (free), da im nächsten Schritt Volumenelemente verwendet werden sollen, die keine Rotationen der Knotenpunkte vorsehen.

Die Temperaturen werden durch das Kommando **Create Temperature** erzeugt. Auch hier wählen wir über das Filter-Untermenü wieder „Surfaces" und wählen aber alle Flächen der Bremsscheibe an, da wir davon ausgehen, daß durch den Bremsvorgang die Scheibe eine einheitliche, homogene Temperaturverteilung erreicht hat. Durch das zugrunde liegende Einheitensystem müssen die Temperaturen in Kelvin eingegeben werden. Da wir von einer Temperaturerhöhung von 500° C ausgehen, müssen wir einen Wert von 795° K eingeben, da das Programm IDEAS einen Referenztemperatur von 295° K annimmt (ensprechend 20° C).

Schließlich erklären wir noch zwei sog. **Boundary Condition Sets**. Durch diese wird das Analyseverfahren angewählt und mit den wirksamen Randbedingungen oder auch Lasten (Temperaturen) verknüpft.

Das erste Boundary Condition Set erhält den Namen **BC1**. Als Analyseverfahren stellen wir hier die Modalanalyse ein (Normal Mode Dynamics – SVI). Das Kürzel SVI bedeutet hier: Simultane-Vektor-Interation. Es handelt sich hierbei um eines der Standardverfahren zur numerischen Modalanalyse. Weiterhin aktivieren wir für dieses Boundary Condition Set das Restraint Set 1. Dies entspricht den von uns soeben definierten Randbedingungen.

Das zweite Boundary Condition Set erhält den Namen BC2. Als Analyseverfahren wird hier die lineare Statik (Linear Statics) eingestellt. Neben der Randbedingung wird aber noch die eingegebene Temperaturverteilung aktiviert (Temperature Set 1). Nach diesen Vorarbeiten können wir zur Erzeugung des FE-Netzes übergehen.

Erzeugung des FE-Netzes
Zur Erzeugung des FE-Netzes wechseln wir in den Meshing Task von IDEAS. Mit dem Kommando **Define Solid Mesh...** definieren wir das Netz, in dem wir die gesamte Bremsscheibe anwählen und eine mittlere Elementlänge von **20 mm** definieren. Wir erzeugen

ein sogenanntes „Free Mesh", das völlig automatisch vom Programm erstellt wird. Wichtig ist dabei, daß wir Tetraederelemente **mit Mittenknoten** erzeugen lassen. Die eigentliche Netzgenerierung wird mit dem Kommando **Create Solid Mesh** durchgeführt. Es entsteht ein Netz aus ca. 3129 Knotenpunkten und ca. 1489 Volumenelementen (siehe Bild 12.6).

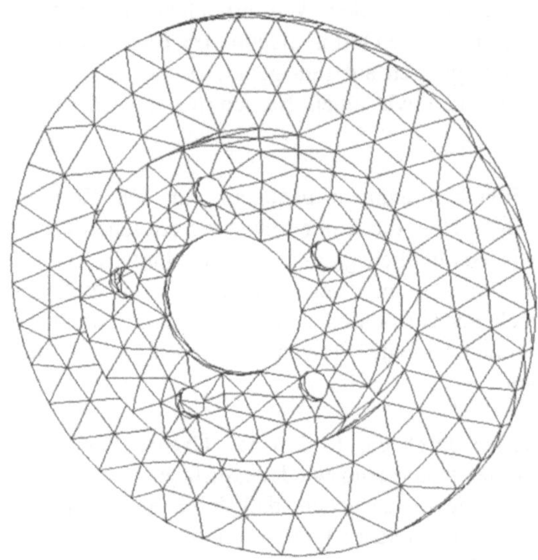

Bild 12.6: Finite-Elemente-Netz der Bremsscheibe

Durchführung der Berechnung und Darstellung der Ergebnisse
Zur Durchführung der Berechnung wechseln wir in den Model Solution Task von IDEAS. Bevor die Berechnung gestartet werden kann, muß ein sogenanntes **Solution Set** definiert werden. Im Solution Set wird das Boundary Condition Set, das der Berechnung zugrunde liegt, benannt. Weiterhin können Parameter zur Steuerung der Analyse eingestellt bzw. verändert werden. Schließlich steuert das Solution Set auch die Form und Art der Ausgabe, die später im Post Processing Task verarbeitet werden kann.

Bei der Erzeugung des „Solution Set1" für die Eigenschwingungsberechnung wird unter **Type of Solution** „Normal Mode –SVI" eingestellt. Damit wird gleichzeitig das entsprechende Boundary Condition Set BC1 ausgewählt. Unter **Options** bzw. **Solution Control...** kann die Anzahl der zu berechnenden Eigenformen im Feld **Number of Flexible Modes** angegeben werden. Geben Sie die Zahl 6 ein. Anschließend kann die eigentliche Berechnung durchgeführt werden. Die berechneten Eigenformen können im Post Processing Task als Verformungsbild dargestellt werden.

Bei der Erzeugung des „Solution Set2" für die Temperaturspannungsanalyse wird unter Type of Solution „Linear statics" eingestellt. Damit wird das Boundary Condition Set BC2 ausgewählt. Bild 12.7 zeigt die Darstellung der verformten Bremsscheibe im Schnitt.

Die Schnittdarstellung wird im **Template...** Menue ermöglicht.

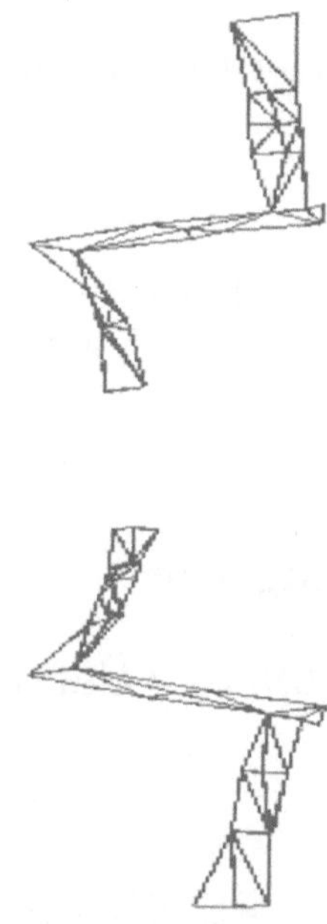

**Bild 12.7: Verformung der Bremsscheibe unter Temperaturbelastung
(Schnittdarstellung)**

Damit ist die 12. Übung beendet.

Anhang

Datenübernahme über Internet

Für interessierte Leser mit Internet-Zugang werden ergänzende und vertiefende Aufgaben, exemplarische Lösungen und Lösungshinweise sowie (zukünftig) Hinweise zur Nutzung der Lehrunterlage bei neuen Programmversionen bereitgestellt.

Unter der folgenden Adresse können Verweise auf die entsprechenden Seiten mit Download-Möglichkeiten gefunden werden:

www.uni-wuppertal.de/FB12/ideas

Die entsprechenden Dokumente sind im PDF-Format bereitgestellt und können mit dem ebenfalls frei verfügbaren Produkt Acrobat Reader der Firma Adobe gelesen und gegebenenfalls auch gedruckt werden.

Ergebnisse ausgewählter Aufgaben

ERGEBNISSE / ÜBUNG 1

1. Knotenverschiebungen

Knotennummer (siehe Bild 1.1)	Verschiebung in X-Richtung	Verschiebung in Y-Richtung
node label	x-displacement	y-displacement
1	0,000595 mm	-0,009685 mm
2	0,000000 mm	0,000000 mm
3	0,010191 mm	-0,012211 mm
4	-0,048475 mm	-0,080979 mm
5	0,001190 mm	0,000000 mm
6	-0,008664 mm	-0,010528 mm
7	0,040301 mm	-0,067574 mm

2. Stabspannungen

Stabnummer (siehe Bild 1.1)	Stabspannung
rod element label	rod stress
1	282,8 mN/mm^2
2	223,6 mN/mm^2
3	70,7 mN/mm^2
4	353,6 mN/mm^2
5	419,3 mN/mm^2
6	62,5 mN/mm^2
7	419,3 mN/mm^2
8	424,23 mN/mm^2
9	212,1 mN/mm^2
10	335,4 mN/mm^2
11	353,6 mN/mm^2

ERGEBNISSE / ÜBUNG 2

1. Knotenverschiebung (Durchsenkung) in y-Richtung am Punkt C

BERECHNUNGSVARIANTE	VERSCHIEBUNG IN Y-RICHTUNG	Abweichung zum exakten Wert in %
a)	0,019554	8,6
b)	0,019484	8,2
c)	0,019584	8,8
d)	0,019400	7,8
e)	0,005817	-67,7
f)	0,008124	-54,9
g)	0,009233	-48,7
h)	0,008217	-54,4

2. Biegespannung am Punkt B in N/mm^2

Berechnungsvariante	Biegespannung	Abweichung zum exakten Wert in %
a)	5,545	-13,4
b)	5,451	-14,8
c)	5,448	-14,9
d)	5,325	-16,8
e)	0,532	-91,7
f)	1,367	-78,6
g)	1,973	-69,2
h)	1,363	-78,7

ERGEBNISSE / ÜBUNG 3

Tragen Sie in diese Tabellen die Ergebnisse ein. Bearbeiten Sie erst dann die nächste Aufgabe, wenn Sie korrekte Ergebnisse haben.

1. Knotenverschiebung (Durchsenkung) in y-Richtung am Punkt A in mm

Berechnungsvariante	Verschiebung in Y-Richtung	Abweichung zum exakten Wert in %
a) Scheibenelement	0,019484	8,2
b) Balkenelement	0,020068	11,5
c) Plattenenelement	0,019752	9,7
d) Volumenelement	0,019323	7,4

2. Biegespannung am Punkt B in N/mm^2

Berechnungsvariante	Biegespannung	Abweichung zum exakten Wert in %
a) Scheibenelement	5,451	-14,8
b) Balkenelement	6,400	0,0
c) Plattenenelement	5,201	-18,7
d) Volumenelement	5,531	-13,6

3. Lager-Reaktionskräfte in N

$$F_{Ax} = 0 \qquad F_{Ay} = 500\,\text{N} \downarrow \qquad F_{By} = 1500\,\text{N} \uparrow$$

ERGEBNISSE / ÜBUNG 4

Hinweise zur Handrechnung

Berechnen Sie zunächst die Nennspannung im Flachstab. Die Nennspannung ist definiert als Verhältnis von Kraft zur (Netto-)Fläche des Stabes. Der Flächenanteil, der durch die Bohrung verloren geht, darf nicht berücksichtigt werden:

Nennspannung: $\sigma_n = 100000\ N / (90\ mm * 20\ mm) = 55{,}55\ N/mm^2$

Ausgehend von der Nennspannung ermittelt man die maximale Kerbspannung. Dabei wird die Nennspannung mit der sogenannten Formzahl α_k multipliziert. Man erhält diese Formzahl aus Tabellenwerken zur Technischen Mechanik. Der Wert beträgt für diesen Fall 2,4.

Maximale Kerbspannung: $\sigma_{max} = \sigma_n * \alpha_k = 133{,}3\ N/mm^2$

Die theoretische Verlängerung des Stabes kann aus einer Umstellung der Formel $\sigma = E * \varepsilon$ erhalten werden. Aus $\varepsilon = \sigma / E$ erhält man $\Delta l = \sigma * L / E$ und daraus einen Wert von 0,026 mm.

1. Maximale Knotenverschiebung (x-Richtung) am Krafteinleitungspunkt

Variante	Maximale Verschiebung in X- Richtung	Verschiebung in mm (Handrechnung)
a)	-0,042	-0,026
b)	-0,025	-0,026
c)	-0,022	-0,026
d)	-0,022	-0,026
e)	-0,023	-0,026

2. Vergleichsspannung nach Von-Mises (N/mm^2)

Variante	Vergleichsspannung	Abweichung zur Handrechnung in %
a)	96	-27,8
b)	98	-26,3
c)	98	-26,3
d)	98	-26,3
e)	132	-0,75

Sachwortverzeichnis

Einsteigerhilfe – Schritt für Schritt

I-DEAS Praktikum

Modellieren mit dem 3 D-CAD-
System I-DEAS Master Series

von Wolfgang Wagner und
Jürgen Schneider

2., überarb. Aufl. 1998.
VIII, 244 S. (Studium Technik)
Br. DM 39,80
ISBN 3-528-16785-3

Aus dem Inhalt
- Einführung in das dreidimensionale
  Konstruieren mit I-DEAS
- 3D-Modelle aus Grundkörpern
- 3D-Modelle aus Profilen
- Konstruktionshilfen
- Modellieren von Einzelteilen
- Baugruppen-Modellierung
- 3D-Modelle mit Freiformflächen

Das Buch
Dieses Arbeitsbuch führt
Schritt für Schritt in das
dreidimensionale Konstru-
ieren mit dem Software-
produkt I-DEAS ein. Aufgrund der
besonderen Konzeption eignet es sich
besonders zum Selbststudium: Vor
jedem Beispiel wird der Inhalt der
Übung, eine isometrische Darstellung
des Beispiels, ein Grob-Ablaufplan, die
Lernziele und die technische Zeich-
nung vorgestellt. Es wurde ein durch-
gängiges Beispiel gewählt, um die verschiedenen Modellierungstechniken
der Einzelteile bis zur Zusammenstel-
lung als Baugruppe aufzuzeigen.

Abraham-Lincoln-Straße 46
D-65189 Wiesbaden
Fax (0180) 5 78 78-80
www.vieweg.de

Stand März 1999
Änderungen vorbehalten.
Erhältlich beim Buchhandel oder beim Verlag.

Fortbildungen im Projektbereich
Neue Technologien/Informatik:

3D-CAD/CAE – Konstruktion und Berechnung mit I-DEAS Master Series®

für Ingenieur(e/innen) der Schwerpunkte Maschinenbau, Verfahrens- und Elektrotechnik

Hintergrund: Computer Aided Design (CAD) und Computer Aided Engineering (CAE) haben sich zu Schlüsseltechnologien im industriellen Bereich entwickelt. Ein integrierender Einsatz der CA-Technologie in Entwicklung, Konstruktion und Berechnung (Finite-Elemente-Methode - FEM) ermöglicht verkürzte Durchlaufzeiten und innovative Lösungen in allen Phasen des Produktionsprozesses.

Inhalte: CAD/Konstruktion, CAE und Finite-Elemente-Methode (Spezialsoftware I-DEAS Master Series®), Grundlagen Technische Mechanik, Kommunikationstraining

Weitere Spezialseminare sind:

Microsoft BackOffice Expert(e/in)
mit Microsoftprüfung zum MCSE

Microsoft Certified Solution Developer
mit Microsoftprüfung zum MCSD

Multimedia-Entwickler/in
Spezialist/in für die Konzeption und Erstellung von multimedialen interaktiven Anwendungen für CD-ROM, POI/POS, Internet/Intranet/Extranet

www.mibeg.de/Internetentwicklung
Spezialist/in für die Entwicklung von multimedialen interaktiven Anwendungen für das Internet/Intranet/Extranet

mibeg-Institut, Sachsenring 45-47, 50677 Köln
Tel.: 0221/33 60 4-32, Fax: 0221/33 60 4-99,
e-Mail: info@k.mibeg.de, Internet: www.mibeg.de

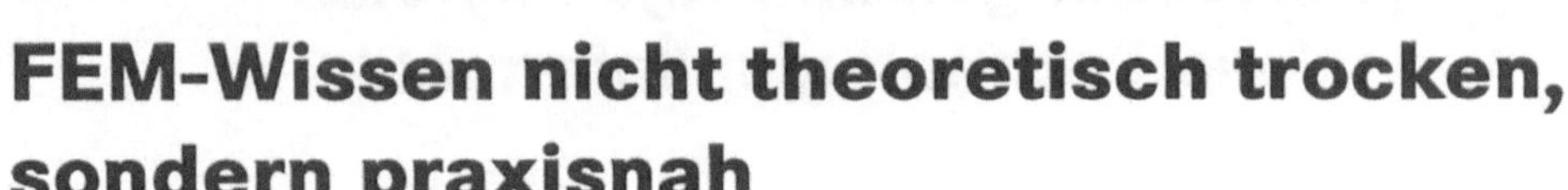

FEM-Wissen nicht theoretisch trocken, sondern praxisnah

FEM

Grundlagen und
Anwendungen der
Finite-Elemente-Methode

von Bernd Klein

3., überarb. Aufl.
12 Fallstudien und 16 Übungsaufg.
1999. XIV, 346 S. mit 198 Abb.
(Studium Technik)
Br. DM 68,00
ISBN 3-528-25125-5

Aus dem Inhalt
- Grundgleichungen
- Matrix-Steifigkeitsmethode
- Elementkatalog für elastostatische Probleme
- Kontaktprobleme
- FEM Ansatz für dynamische Probleme
- Wärmeleitungsprobleme
- Optimierungsproblematik
- Fallstudien

Das Buch
Die CAE-Technik als integratives Verfahren zum Konstruieren und Berechnen verändert derzeit die Arbeitsweise der Ingenieure.
Als universelles Lösungsverfahren hat sich die Finite-Element-Methode bewährt, die in der Elastostatik, Elastodynamik, Wärmeleitung und Strömungsmechanik anwendbar ist.